■ 教育部人文社会科学研究规划基金项目（水电工程量化生态环评的能值足迹
模型研究，14YJAZH030）资助

环境影响定量评价方法与实践研究
——水电工程

贺成龙◎著

中国电力出版社
CHINA ELECTRIC POWER PRESS

内 容 提 要

本书系统分析了生态足迹模型和能值分析理论的特点，从水电工程建设期和运行期的系统能值流出发，以生态足迹模型为主框架，引入流域能值密度概念，构建了水电工程环境影响定量评价的能值足迹模型；研究了不同类型影响因子的能值转换率和计算方法；实现对水电工程建设生态环境影响的定量评价，包括环境影响预评价和环境影响回顾评价。

本书可作为环境影响评价和环境管理方向的研究生教材，也可供水利工程、土木工程、环境科学与工程、生态学、管理科学与工程等相关专业技术及管理人员学习参考。

图书在版编目（CIP）数据

环境影响定量评价方法与实践研究：水电工程/贺成龙
著. —北京：中国电力出版社，2016.12
ISBN 978 - 7 - 5198 - 0163 - 2

Ⅰ.①环… Ⅱ.①贺… Ⅲ.①水利水电工程－环境影响－评价
Ⅳ.①TV

中国版本图书馆 CIP 数据核字（2016）第 303815 号

中国电力出版社出版、发行
（北京市东城区北京站西街 19 号　100005　http：//www. cepp. sgcc. com. cn）
三河市百盛印装有限公司印刷
各地新华书店经售

*

2016 年 12 月第一版　　2016 年 12 月北京第一次印刷
787 毫米×1092 毫米　16 开本　7.5 印张　121 千字
定价 **40.00 元**

前　言

　　环境影响定量评价由单因素评价向多因素评价发展。多因素评价法可对多个环境影响因子进行统一评价，可以解决目前存在的两大难题，即社会因素、经济因素和生态环境因素统一评价以及不同环境影响因子的统一评价。目前，我国的水电工程建设进入了高速发展时期，一批 300m 量级的高坝工程，如四川锦屏一级（305m）、双江口（314m）和西藏如美（315m）等工程正处于规划和建设中。与此同时，我们也面临着更严峻的挑战，如水库淹没、移民安置、生态环境保护等。全面认识水电开发对社会、经济和环境的影响，定量评价其生态效应，是水能资源合理开发利用的迫切需求。

　　水电工程建设的环境影响评价方法有多种，各有其不同的特点和适用范围。近年来，生态足迹模型和能值分析理论在环境影响定量评价中都有一些研究和良好的应用。但是，对水电工程而言，仍有些问题亟待研究，主要包括：传统生态足迹模型需要产量因子和均衡因子，而不同的研究机构，即使同一研究机构在不同年度给出的均衡因子也不尽相同，这将影响研究结果的可比性；传统生态足迹模型没有考虑河流等水资源对区域生态承载力的影响，影响生态承载力的估算；在能值分析理论中，由于缺乏水电工程系统的环境影响因素的能值转换率，大大制约其理论方法在水电工程环境影响定量分析中的应用。

　　针对以上问题，笔者从水电工程建设期和运行期的系统能值流出发，结合能值分析理论和生态足迹模型的特点，构建水电工程的能值足迹模型，并系统地研究了相关因素的能值转换率和计算方法，实现对水电工程建设生态环境影响的定量评价。

　　本书共分 5 章。第 1 章概述，在回顾水电工程建设环境影响评价研究的基础上，结合环境影响评价中存在的主要问题，总结目前水电工程建设环境影响评价研究中需要解决的问题，提出研究内容及采取的技术路线。第 2 章能值足迹模型，从水电工程建设期和运行期的系统能值流出发，以生态足迹模型为主框架，引入流域能值密度的概念，构建水电工程的能值足迹模型。第 3 章能值转换率研究，系统研究水电工程环境影响定量评价的能值转换率构成，研究不同类型影响因素的能值转换率计算方法，研究分析水电工程主要投入产出的能值转换率。第 4 章应用研究，根据构建的水电工程能值足迹模型和各影响因素的能值转换率研究成果，就水电工程建设和运行对环境的影响进行应用研究；通过这些应用的分析，对水电工程的建设和运行提出增加承载力供给和减小足迹占用的对策建议。第 5 章结论与展望。

本书得到教育部人文社会科学研究规划基金项目（14YJAZH030）、浙江省教育厅项目（FX2014071）和浙江省建筑节能技术重点实验室的资助。

限于作者水平，对书中不妥之处，恳请读者批评指正。意见反馈邮箱：375663186@qq.com。

贺成龙

2016 年 9 月

于嘉兴·南湖

目 录

前言

概　　述

在回顾水电工程建设环境影响评价研究的基础上，结合环境影响评价中存在的主要问题，总结目前水电工程建设环境影响评价研究中需要解决的问题，并由此提出研究内容及采取的技术路线。

1.1　引　　言

环境是经济发展的资源，同时也是该过程所产生的副产品的排污池，社会经济的发展应该也必须减轻该过程的排放[1]。经济发展必须减少对环境的破坏，只有既满足当代人的需要，又不对后代人满足其需要的能力构成危害的发展才是可持续的[2]。人类不仅要实现经济繁荣，还要保护环境，人类活动的每一个过程都应该有"环境的声音"[3]，即生态兼容性[4]。人类社会要取得发展的可持续性，就必须维持一定的自然资产存量，使发展控制在生态系统的承载力范围之内，经济发展要受生物圈的生态限制[5]。

全球水资源总量达 $5.50 \times 10^{13} \mathrm{m}^3$，但由于水资源在时间和空间的分布不均匀，只有大约 $9.00 \times 10^{12} \mathrm{m}^3$ 得到有效利用[6]。为了更有效地利用水资源，拦河建坝是最主要的途径。江河开发，如水电工程建设，将给人类带来巨大的经济和社会效益，满足人们对水力发电、供水、防洪、航运等的需求。作为技术成熟又可靠的可更新能源，水力发电在全球能源供给中扮演重要的角色，占全世界总能量的17%。其中，有65个国家依靠水电为其提供50%以上的能源[7]。我国技术可开发水电站装机容量 $5.40 \times 10^8 \mathrm{kW}$，技术可开发水能资源利用率已达到55.89%[8]。但是，我国的水能资源利用程度还低于发达国家，其河流的平均开发强度已经超过60%，法国已达89.5%，意大利甚至达95%[7]。我国能源资源的品种和储量决定了能源的多元化结构，大力开发水能资源是我国经济持续发展的必然选择。水电工程建设对水力发电、防洪、供水、航运等有重大贡献，同时也对区域生态环境带来一定的影响。

我国水能资源集中在西部，约占全国水能资源的 70%～75%。尚未开发的水能资源都集中在西南地区的上中游，坝高都达到世界顶级水平的 200～300m，已成为世界高坝大库的建设中心。超过 300m 的特高坝在我国崛起，如位于西藏的如美（315m）、四川的双江口（314m）和锦屏一级（305m）。这就面临一些新的形势：山区土地资源贫瘠，水库淹没损失大，移民安置难度大，脆弱的生态环境在保护中开发、在开发中保护的难度在增加[9,10]。

我国水电事业在经历了技术、资金、市场等因素的困扰后，又面临正确看待和处理水电开发对生态环境带来的影响，如水库移民、水库淹没、泥沙淤积、影响生物物种、减小区域生态系统服务价值、影响区域气候等问题[11,12]。在今后一段时期，生态环境问题将成为我国水电建设乃至整个水利事业进一步发展的重要制约因素。全面认识水电工程对生态与环境的影响，以及水电工程建设和运行中的生态环境要求，科学定量评价水电工程的生态效应，是我国水资源，包括水能资源合理开发利用的迫切需求。

1.2 水电工程环境影响定量评价研究现状

1.2.1 环境影响定量评价方法

1. 环境影响评价

环境影响评价（environmental impact assessment，EIA）简称环评，是指对规划和建设项目实施后可能对环境产生的影响进行系统性识别、预测和评估，提出预防或者减轻不良环境影响的对策和措施。环境影响评价的根本目的是在规划和决策时，要考虑环境因素，人类活动与环境要求相协调。1964 年，在加拿大召开的一次国际环境质量评价学术会上，首次提出了环境影响评价的概念[13]。1969 年，美国最早以立法的形式确立了环境影响评价制度，即颁布了《国家环境政策法案》（national environmental policy act，NEPA）。随后，瑞典（1970 年）、日本（1972 年）、新西兰（1973 年）、加拿大（1973 年）、澳大利亚（1974 年）、马来西亚（1974 年）、德国（1976 年）、中国（1979 年）、印尼（1979 年）等国家先后建立了环境影响评价制度。

我国的环境影响评价制度是在建设项目环境管理实践中不断发展起来的，它经历了一个形成、发展和逐步完善的过程。

（1）环境影响评价的形成阶段（1973～1986 年）。该阶段以 1973 年 8 月召开的第一次全国环境保护会议为起点，至 1986 年《建设项目环境保护管理办法》颁布。在此阶段，主要经历了环境影响评价理念的建立、"三同时"（同时设计、同时施工、同时投产）纳入基本建设程序等过程。我国自 1973 年开始引入环境影响评价的概念。1979 年 9 月，《中华人民共和国环境保护法（试行）》颁布，要求一切企业、事业单位的选址、设计、建设和生产，都必须注意防止对环境的污染和破坏。在进行新建、改建和扩建工程中，必须提出环境影响报告书，经环境保护主管部门和其他有关部门审查批准后才能进行设计[14]，要求工程建设与环境保护设施要做到"三同时"。1981 年 5 月，由国家计划委员会、国家建设委员会、国家经济委员会、国务院环境保护领导小组联合下达的《基本建设项目环境保护管理办法》，将"三同时"制度具体化，并纳入基本建设程序[15]。

（2）环境影响评价的发展阶段（1986～2003 年）。该阶段的特征是以法律的形式确立了环境影响评价的相关制度措施。1986 年 3 月，国务院环境保护委员会、国家计划委员会、国家经济委员会联合发布的《建设项目环境保护管理办法》规定：凡从事对环境有影响的建设项目都必须执行环境影响报告书的审批制度；执行防治污染及其他公害的设施与主体工程同时设计、同时施工、同时投产使用的"三同时"制度，将我国环境保护预防为主的方针具体化、制度化。1989 年 12 月，《中华人民共和国环境保护法》颁布，确认了建设项目环境影响评价制度，为规范环境影响评价提供法律依据和基础；同时，总结了实行"三同时"制度的经验，在第二十六条中规定：建设项目中防治污染的设施，必须与主体工程同时设计、同时施工、同时投产使用；防治污染的设施必须经原审批环境影响报告书的环境保护行政主管部门验收合格后，该建设项目方可投入生产或者使用。

（3）环境影响评价的逐步完善阶段（2003 年至今）。该阶段的特征是以法律的形式将建设项目环境影响评价扩展到规划环境影响评价。2002 年 10 月 28 日公布、2003 年 9 月 1 日施行的《中华人民共和国环境影响评价法》，将我国环境影响评价从建设项目环境影响评价扩展到规划环境影响评价，使环境影响评价制度得到长足发展，成为我国建设项目环境保护管理发展进程中的一个里程碑。该法律的第一条明确了立法的宗旨：为了实施可持续发展战略，预防因规划和建设项目实施后对环境造成不良影响，促进经济、社会和环境的协调发展。

由于国家对环境的重视和大量水利水电工程建设实践，水利水电工程建设环境影响评价工作于 20 世纪 80 年代得以开展，并逐步完善和规范。为适应水利水电工程建设的需要，1982 年 2 月，水利部颁发《关于水利水电工程环境影响评价的若干规定（草案）》。1988 年 12 月，水利部和能源部联合颁发《水利水电工程环境影响评价规范（试行）》，要求水利水电工程在可行性研究阶段必须进行环境影响评价，大中型水利水电工程一般均应编写环境影响报告书，对环境影响比较小的工程，经环境保护部门同意，可只编制环境影响报告表。

1992 年 11 月，水利部和能源部联合颁发《江河流域规划环境影响评价规范》（SL 45—1992），要求对江河流域的综合规划阶段进行环境影响评价，江河流域规划应把维护和改善流域生态与环境作为规划的一项重要目标，使治理开发的流域在经济、社会和环境方面得到协调发展。1997 年，水利部发布《江河流域规划编制规范》，明确将环境影响评价工作作为规划的内容。2003 年，国家环境保护总局与水利部联合发布《环境影响评价技术导则—水利水电工程》（HJ/T 88—2003），规范了水利水电工程环境影响评价，确定了评价标准、原则、内容和方法，统一了技术要求。2006 年 10 月，根据 HJ/T 88—2003 的要求，水利部修订了《江河流域规划环境影响评价规范》（SL 45—2006），增加了规划分析、规划方案环境比选及环境保护对策措施、公众参与、环境监测与跟踪评价等内容，从战略环境影响评价等层面上提出了较高的技术要求，以促进江河流域规划环境影响评价工作，提高江河流域规划环境影响评价成果质量。

2. 水电工程环境影响评价方法

水电工程环境影响评价是多因素、多目标的社会—经济—生态复合系统评价。目前常用的水电工程生态环境影响评价的方法可分为对比法（包括前后对比法和有无对比法）和综合评价法（包括定性分析总结法和定量分析综合评价法）。评价方法已经由定性分析向定量分析发展。

根据所选择的被评价因素的数量，可将水电工程对生态环境影响的定量评价方法分为单因素评价法和多因素评价法。

单因素评价法就某个环境影响因子，如水温[16]、泥沙[11]，分析水电工程建设前后该因子的环境影响。单要素评价法可以对同一因子不同时段的影响进行分析；由于不同影响因子具有不同的量纲，这不利于单要素评价法对环境的影响进行横向比较。

多因素评价法又可分为等标污染负荷法[17]、价值核算法[18~20]、综合指标评价法[21,22]、生态足迹模型[23]和能值分析理论[24]。

等标污染负荷法是把污染源污染物的排放量转化为"把污染物全部稀释到评价标准所需的介质量"，从而实现同一污染源所排放的不同污染物之间、不同污染源之间进行比较。但是，这种简单的利用污染物排放量与"排放标准浓度"之比得到的等标污染负荷，不能正确反映污染物（污染源）对环境的有害程度、对生物体的毒性以及处理的技术经济费用。如，根据《地表水环境质量标准》（GB 3838—2002），水库中总磷（TP）和铅（Pb）标准限值都是0.05mg/L（Ⅲ类）；根据等标污染负荷法，它们的污染负荷是相同的；但是，它们的污染当量却相差 10 倍：总磷和铅的污染当量分别是 0.25 和 0.025[25]。

基于经济学的价值核算法，可以将生态系统的各项服务功能进行统一核算，且简单易懂，但无法对市场机制失灵的方面进行核算。综合指标评价法能表征系统的总体情况，但各环境因子所占的权重易受主观因素影响。

生态足迹模型从生物生产力的角度，利用产量因子和均衡因子，核算区域生态承载力及生态足迹大小，判断研究区域的生态盈亏状况，从而定量测度人类活动对生态环境的综合影响[26]。能值分析理论把社会—经济—生态系统中不同种类、不同级别、不可比较的能量流、物质流和货币流转换成同一标准（能值），为量化评价生态系统产品及服务的价值提供了一个能量学的基础[27]。生态足迹模型和能值分析理论是对水电工程生态环境影响定量评价的新的方法，得到越来越多的研究机构和政府部门的重视。

1.2.2 生态足迹

1. 基本原理

生态足迹模型从生物生产力的角度，通过核算研究区域的生态足迹及生态承载力大小，从而定量测度人类活动对生态环境的综合性影响。它通过测算研究对象的消耗所需的生物生产性土地，来反映人类对生态系统的需求[26,28]。生态足迹是指研究对象所占用的生物生产性土地。核算时通常采用的是消费性生态足迹，即研究对象每年消费的生物生产量所需要的生物生产性土地。生态承载力是指研究对象能够提供的生物生产性土地[26]。

生态足迹模型遵循以下 6 个假设[29]：①人类社会消费的大部分资源和产生的废弃物是可以跟踪的；②这些资源和废弃物可以用生物生产性土地进行度量；③各类生物生产能力不同的生物生产性土地可以折算成标准公顷——全球性公顷（global hectare，gha；1 单位全球性公顷相当于 1 公顷具有全球平均产量的生产力空间）；④各类生物生产性土地的用途是互相排斥的，它们可以相加、相减；⑤自然的生态服务的供应也可以用以全球公顷表示的生物生产性土地表达；⑥生态足迹可以大于生态承载力。

生态足迹模型引入生物生产性土地（biologically productive land，BPL）概念，将整个地球提供给人类生存的具备生物生产力的土地和近海海域分为六类：耕地、建筑用地、牧草地、林地、近海水域和能源用地。为实现这 6 类不同的生物生产性土地的可加性和可比性，以及不同国家、不同区域之间的各类生物生产性土地的可加性和可比性，生态足迹模型引入均衡因子和产量因子。

（1）均衡因子。由于生态足迹模型中的 6 类生物生产性土地的生物生产力不同，需要对计算得到的各类生物生产性土地乘以一个均衡因子（equivalence factor，用 eq 表示），将这些具有不同生物生产力的生物生产性土地转化为具有相同生物生产力的面积。这样，就可以通过算术加和而得到生态足迹和生态承载力。

某类生物生产性土地的均衡因子是某类给定生物生产性土地的全球平均生产力与所有 6 类生物生产性土地的全球平均生产力的比值[30]，即

$$eq_i = \frac{p_i}{Q} = \frac{S_j^i \times p_j^i}{\sum\limits_{j=1}^{193} S_j^i} \left/ \frac{\sum\limits_{h=1}^{6} \sum\limits_{j=1}^{193} S_j^h \times p_j^h}{\sum\limits_{h=1}^{6} \sum\limits_{j=1}^{193} S_j^h} \right. \tag{1.1}$$

式中：eq_i 为第 i 类物生产面积的均衡因子；p_i 为第 i 类生物生产性土地的平均生产力，kg/hm^2；Q 为世界所有 6 类生物生产性土地的平均生产力，kg/hm^2；S_j^i 为第 j 个国家（受世界范围内承认的主权国家有 193 个）的第 i 类生物生产性土地，hm^2；p_j^h 为第 j 个国家第 h 类生物生产性土地的生产力，kg/hm^2。

均衡因子是生态足迹模型的关键参数之一，不同的研究机构、同一研究机构在不同年度给出了不同的参数，见表 1.1。

表 1.1   均衡因子的估算值

土地类型	EU 2002[31]	WWF 2000[32]	WWF 2002[33]	WWF 2004[34]	WWF 2006[35]	Venetoulis 2008[36]
建筑用地	3.33	3.16	2.11	2.19	2.21	0.50
耕地	3.33	3.16	2.11	2.19	2.21	2.12
能源用地	1.66	1.78	1.35	1.38	1.34	—
牧草地	0.37	0.39	0.47	0.48	0.49	2.42
林地	1.66	1.78	1.35	1.38	1.34	3.29
近海水域	0.06	0.06	0.35	0.36	0.36	2.67

（2）产量因子。由于不同国家的资源禀赋不同，同一种类的生物生产性土地的单位生物生产力不同。为了将不同国家（或地区）的同一种类的生物生产性土地进行比较，需要对这些生物生产性土地进行调整。为此，生态足迹模型进入"产量因子"（yield factor）的概念，用产量因子表示某个国家（或地区）的某类生物生产性土地的平均单位生物生产力与该类生物生产性土地的世界平均单位生物生产力之间的差异。

某个国家（或地区）某类生物生产性土地的产量因子等于该类生物生产性土地在该国的平均单位生物生产力与世界同类土地的平均单位生物生产力之比[29]，即

$$y_i = \frac{p_i}{q_i} \tag{1.2}$$

式中：y_i 为研究区域（某个国家或地区）第 i 类土地的产量因子；p_i 为研究区域内第 i 类生物生产性土地的平均生产力，kg/hm^2；q_i 为第 i 类土地的世界平均单位生物生产力，kg/hm^2。

产量因子是生态足迹模型的另一个关键参数，不同国家或区有不同的产量因子。表 1.2 所列为我国的产量因子[29]。

表 1.2   我国的产量因子

耕地	林地	牧（草）地	近海水域	建筑用地	能源用地
1.8	0.6	0.9	1.0	1.8	0.6

（3）计算过程。生态足迹基本模型的计算步骤[31]如下：

1）划分消费和生产项目，计算各主要消费项目的消费量以及生产项目的生产量。

2）计算各类消费所对应的生物生产性土地。某类消费所对应的生物生产性土地，等于该类消费的消费量除以该类土地的生产力，即

$$S_i = \frac{C_i}{Y_i} = \frac{P_i + I_i - E_i}{Y_i} \tag{1.3}$$

式中：S_i 为第 i 类的消费对应的生物生产性土地，hm^2；C_i 为第 i 类的消费总量，unit；Y_i 为第 i 类的土地生产力，$unit/hm^2$；P_i 为第 i 类的当地生产量，unit；I_i 为第 i 类消费的进口量，unit；E_i 为第 i 类消费的出口量，unit。

3）转换为生态足迹。通过均衡因子，把各类消费对应的生物生产性土地转换为等价生产力的土地面积，并将其汇总、求和。即所有消费的生态足迹（F_E，hm^2）等于各类消费所对应的土地面积乘以对应的均衡因子再求和，即

$$F_E = \sum_{i=1}^{6} (S_i \times eq_i) \tag{1.4}$$

式中：eq_i 为第 i 类土地的均衡因子。

4）计算各类生产所对应的生物生产性土地。某类生产所对应的生物生产性土地，等于该类生产的生产量除以该类土地的生产力，即

$$A_i = \frac{M_i}{Y_i} \tag{1.5}$$

式中：A_i 为第 i 类的生产对应的生物生产性土地，hm^2；M_i 为第 i 类生产的总量，unit；Y_i 为第 i 类的土地生产力，$unit/hm^2$。

5）转换为生态承载力。通过均衡因子和产量因子，把各类生产对应的生物生产性土地转换为等价生产力的土地面积，并将其汇总、求和。即所有生产的生态承载力（C_E，hm^2）等于各类生产所对应的土地面积乘以对应的均衡因子及产量因子再求和，即

$$C_E = (1 - 12\%) \times \sum_{i=1}^{6} (A_i \times eq_i \times y_i) \tag{1.6}$$

式中：eq_i 为第 i 类土地的均衡因子；y_i 为第 i 类土地的产量因子；为保护生物多样性，需扣除 12% 的生物生产性土地。

6）生态盈亏（S_E）分析。比较生态足迹与生态承载力的大小，即可判断研究区域处于生态盈余或生态赤字状态

$$S_E = F_E - C_E \tag{1.7}$$

当 $S_E > 0$，即 $C_E > F_E$ 时，则表示生态盈余，这表明该地区的人类活动处于生态系统的承载力接受范围内，该区域的社会经济活动是可持续的；相反，当 $S_E < 0$，即 $C_E < F_E$ 时，则出现生态赤字，即生态过载。这说明该地区的人类社会经济活动超过生态系统的承载力的范围内，该区域的社会经济活动是不可持续的。图 1.1 所示为生态足迹模型的经典计算流程[37]。

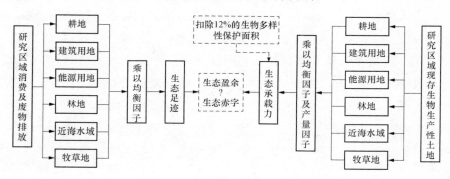

图 1.1 生态足迹模型的经典计算流程图

2. 生态足迹模型的演进与分类

由于生态足迹模型所需要的资料可以较易从有关国家（或地区）的统计年鉴、部门公告等途径获得，计算方法可操作性强、计算结果的单位是人们熟悉的"面积"的单位，简单易懂，其结果还可以判断研究区域的可持续发展状况，因而受到广泛的关注[38]，成为一种量化测度可持续发展、资源效率与生态效率的重要方法[39]。由于表达直观、方法综合、操作性强等优点，促进了生态足迹模型的迅速传播，具有广泛的应用范围。有针对某一年的静态研究[40]、不同年份生态足迹的时间序列的变化研究[41]，有多时间维和多因子的时间序列分析[42]，也有单个对象，如家庭[43]、甲烷[44]、太阳发电[45]、校园[46]、城市[47]等；还有针对行业，如水泥[48]、旅游[49]、纺织[50]、交通[51]、贸易[52]等的生态足迹分析。

在众多学者和研究机构的推动下，生态足迹模型有了长足的发展。现在已演进为三套研究体系、六种具体方法（见图 1.2），即基于过程分析的综合法（Compound Approach）[26]和成分法（Component Approach）[53]、基于能量流分析的能值足迹法（Ecological Footprint based on Emergy Analysis，Em-EF）[54]

和潜能足迹法（Embodied Exergy Ecological Footprint，Ee-EF）[55]、基于投入产出理论的货币型（Monetary）[56]和实物型（Physical）[57]投入产出足迹法（Ecological Footprintmodel based on Input Output Analysis，IOA-EF）。

（1）过程分析法。过程分析法分为综合法和成分法。综合法自上至下利用区域（国家或地区）的数据归纳；而成分法自下而上利用当地数据，两者的计算公式相同。

综合法是生态足迹基本模型，适用于全球、国家和区域层次的生态足迹研究。成分法通过收集和实测研究对象的相关消费与排放成分的量值来计算生态足迹[58,59]，其基本原理[53]是：将每一成分的量根据其土地占用特点转换为提供（或吸纳）该成分所需的相应种类生物生产性土地；再根据生态足迹模型所划分的 6 类土地的属性，将各成分所转换的生物生产性土地归类汇总；然后，将归类汇总后的土地面积乘以相应类别土地的均衡因子；最后，求和得到生态足迹。成分法适用于城镇、村庄、学校、公司、个人或单项活动的生态足迹研究[60]。

（2）投入产出法。基于投入产出的生态足迹模型最早由 Bicknell 于 1998 年提出[56]。之后，Ferng 对之进行了完善、修正和扩展应用[61,62]，文献 [63，64] 分别运用投入产出技术进行区域 EF 核算实践。文献 [65] 改进了 IOA-EF 模型中调整因子的计算方法，即用土地完全消耗系数矩阵后乘进口产品投入向量的对角阵来代替进口产品作为中间投入所贡献的生产性土地矩阵，是对IOA-EF 模型的较好补充。

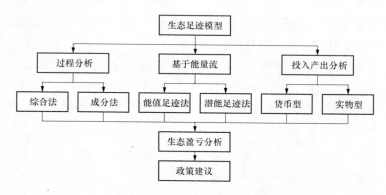

图 1.2　生态足迹模型演进及分类

　　基于投入产出分析的生态足迹模型（IOA - EF）具有良好的结构性，一定程度上弥补了生态足迹基本模型在识别环境影响的发生位置、组分构成及其在产业间的相互联系等方面的不足。

　　（3）能量分析法。能量分析法又分为两个方向。一个是将能值分析理论（Emergy Analysis Approach）引入生态足迹模型的能值足迹模型[54]。能值足迹模型将所有的自然资源转化为太阳能值，再利用能值密度，将太阳能值转换为生物生产性土地，通过比较研究区域的生态足迹和生态承载力，从而判断研究区域的可持续发展情况[66]。另一个是根据生态热动力学理论（Ecological Thermodynamics）的基于潜能的生态足迹模型[55,67]。利用热动力学方法改进生态足迹模型，是能量分析法的进一步扩展。

　　能值足迹模型需要能值转换率（Transformity）、能值密度（Emergy Density）等参数。由于经过数亿年的进化、发展，自然生态系统已经达到很高的自组织化程度[68]，来自自然生态系统的产品和服务，有相对稳定的能值转换率[69,70]，因此，自然生态系统提供的产品和服务的能值是相对稳定的。能值足迹模型将所有的自然资源提供的产品和服务转化为能值，具有更强的可比性，克服了传统生态足迹模型利用相对指标计算生态足迹，而不能真实反映各地区的生物生产性土地需求面积的缺点。

　　传统 EF 模型和 Em - EF 模型，都是用生物生产性土地的多少来反映生态足迹和生态承载力的大小[71]。但是，基于能量流分析的生态足迹模型，不需要产量因子和均衡因子，这是与传统生态足迹模型的最大区别。

　　3. 对生态足迹模型的争论

　　（1）有关均衡因子和产量因子。生态足迹模型采用生物生产性土地的全球平均生产力来衡量不同国家（或地区）的生态状况，即生物生产性土地的全球生态平均生产力被定义为 1。利用均衡因子和产量因子，将不同国家（或地区）的消耗与生产转换为具有相同量纲的参数（生物生产性土地），就可以进行相加（或相减）与比较，这是传统生态足迹模型的最大优点。但是，这种调整后的世界平均生产力，将失去很多区域信息：反映的是全球的一般状况，而不能较好反映区域的局部实际情况[72]。对于大量以区域为对象的研究，据此提出的可持续发展对策的启示意义不强[73]。均衡因子和产量因子是一种相对指标，据此而得到的生态足迹和生态承载力，不能客观反映研究区域真实的生物生产性土地需求的大小[63]。文献［74］分别用固定不变的全球产量因子、可变的全球产量因子和可变的本地产量因子，计算了奥地利 1926～1995 年间的生态足迹，认为在进行生态足迹的时间序列研究时，采用不同的产量因子，对结果有较大影响。

在传统生态足迹模型中，采用均衡因子的目的，是为了将不同种类的生物生产性土地直接相加减。这隐含这样一个假设：不同种类的生物生产性土地及其产品可以相互替代。这与生态足迹模型中 6 类土地的空间互斥性假设矛盾[75]。文献［47］研究发现，根据本地产量因子和全球产量因子计算出的生态承载力不同；在进行次国家尺度研究时，用本地产量因子更符合实际情况。另外，传统生态足迹模型对各类土地的功能进行单一化处理，而土地的功能具有多样性，这将低估生态承载力，造成承载力计算结果偏低的系统误差[76]。

（2）关于全球公顷。为了便于比较，传统的生态足迹模型将各类生物生产能力不同的土地，折算成"全球公顷"，这在国家尺度的研究上误差较小；但是，在次国家区域研究时，就会忽略地区的信息，而造成较大的系统误差[76]。全球公顷适用于将初级产品的转换，而对次级产品的转换无效。次级产品与国家（或区域）的政策和经济因素有关，利用全球公顷进行转换，不能反映当地政策和管理水平的影响[77]。

（3）关于水资源账户。传统生态足迹模型中，只包括六大类（耕地、建成地、牧草地、林地、近海水域和能源用地）生物生产性土地，仅考虑了的地表水域的渔业功能，忽略了地下水和地表水作为水资源的其他功能，没有考虑河流等水资源对区域生态承载力的影响。由于水资源账户的缺失，将导致生态承载力被低估[78]。

4. 在水电工程中的应用

将生态足迹模型应用于水电工程建设的环境影响评价，可以定量分析水电工程建设对环境生态承载力的影响程度。文献［21］根据水电工程建设项目的特点，结合传统生态足迹模型，针对水电工程项目在施工阶段和运行阶段的不同特点，从工程占地、设备能耗、施工物资、水库淹没、移民搬迁、水力发电、水库防洪、水库供水、农业灌溉、水产养殖、水库旅游、泥沙淤积和补偿工程建设几个方面，建立相应的传统生态足迹计算模型。传统生态足迹模型对三峡工程[79]、漫湾水电站[80]、廖坊水利水电工程[81]、伦潭水电工程[82]等的实例研究结果表明：生态足迹模型可以用来评价水电工程建设对生态环境的作用及影响，但由于传统生态足迹模型的固有缺陷，不利于计算结果的横向比较。

1.2.3 能值分析理论

1. 能值

能量的流动、转化与储存，广泛存在于社会—经济—自然生态系统中，宇宙万物，包括人与环境、人与其他生物之间的关系可以用能量来表达[83]。Joule 提出热力学第一定律后（1840 年），能量就被许多学者作为统一尺度应用于各种系统研究之中。能量研究取得的成效，主要集中在同类别的能量（如机械动力能、生物能等）的分析研究上[83,84]。而面对不同类别、不同性质的能源，能量研究却陷入困境[84]。这是因为不同类别的能源具有不同的品质特性[84]，不可直接比较和进行简单的数量加减。例如，水力发电的 1J 能量与太阳光的 1J 能量存在极大的差异，就不能简单加减和比较。所有的能量都可以转化为热量，但是，一种形式的能量并不是都能用其他形式的能量替代。例如，不能用化石燃料替代植物光合作用产品中的太阳能，也不能用太阳能替代人类所需的食物和水[85]。

Odum 最先意识到不同类别的能量具有不同的做功能力，据此提出能量质量，即"能质"（Energy Quality）的概念[27]。"能质"概念的提出是能值分析理论发展历史上的一个重要里程碑[86]。在长期研究的基础上，Odum 综合考虑社会—经济—自然生态系统，在热力学定律和能量等级原理的基础上，提出了能值的概念，创立了能值理论分析方法[68]。能值（Emergy）是一种流动或存储的能量所包含另一种类别能量的数量[68]，是生产某种产品或提供某种服务所需投入的某种可以使用的能量[87]。能值的单位为太阳能值焦耳（solar emjoule，sej）。

2. 能值分析符号语言

对生态经济系统分析，常用 Odum 设计的能量符号[88]，如图 1.3 所示。其中，能流路线表示能流常伴随物质流，具有一定的数量和方向。

能量来源表示系统可利用的能源，如太阳、风、生产资料、人等。能量储存表示储存能量的场所，如有机物质、土壤等。作用键表示不同类别能量流或物质流相互作用而产生另一能量流的过程。生产者表示利用能量和原始物质制造新产品的单元，如水坝、工厂等。消费者表示利用、消耗并储存生产者提供

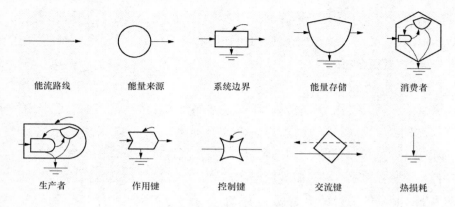

图 1.3　常用能量符号图例

产品和能源的单元，如人类。交流键表示商品或服务（实线）与货币（虚线）进行交换的单元。控制键表示对过程的中断或传输的控制标志。系统边界表示系统或亚系统的边界。热耗失表示能量转化过程中消耗散失的能量。

3. 能量等级

环境和人类社会经济系统中的能量传递与转换过程，具有类似食物链特性的等级关系，这种特性称为能量链。图 1.4 所示为能量流动的特性。能量在能量链的传递与转换过程中，低能质的能量变为较高能质的能量[68]。太阳能、风

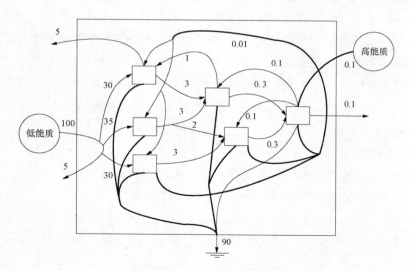

图 1.4　生态系统能量流动特性图

能、雨能等自然界拥有的量为低能质能量，电能、生物有机能等经过能量链的转换，是更高一级的能量。能量流动受最大能值（功率）原理控制：有竞争性的系统必须从系统外获取潜在的可用能，并反馈所储存的能量以获取更多的潜在能[68]。生态系统具有自组织性。在竞争中占优势的系统，通过系统的自组织性来强化系统的"生产"过程，克服对系统的限制因素，从系统外获得更多的有用功[89]。

系统内的能量流动、转换和储存，遵循热力学定律；流入系统的能量等于储存能量的改变量与流出能量之和；同时，能量在转换与存储过程中均有能量的损耗，损耗的能量将以热能的形式散耗掉而失去利用价值，在系统中也不再转换成更高质量的能量。从上述分析可知，能量流动是单向的、并呈递减的趋势。在这个传递和转换过程中，随着能量耗散流失，能量的数量递减，但能量质量（能质）和能量等级（能级）提高了[68]，如图1.5所示。

图1.5（b）显示了生态系统的金字塔式能量网络，由量大的低等级能量向量小的高等级能量转换。图1.5（c）所示为Odum所称的能量转换链（Energy Transfer Chain），简称能量链。它表明了生态系统的能量流动和转换，以及系统的等级关系。根据热力学第二定律，能量在能量链的每一传递、转换过程中，均有能量的耗失。只有小部分（约1/10）低等级的能量通过能量链进入更高一等级中，其数量逐步减小，但其能值逐步提高，如图1.5（d）所示；太阳能值的转换率也随能值和能级的提高而增大，如图1.5（e）所示。

4. 能值转换率

在不同能量等级中进行转换，是系统中的能量流的组织形式。能量物质在能量等级（能量链）中的位置，可以由能值转换率（Transformity）来表达。能量物质在能量链中的位置越高，该能量物质的质量越高，其能值转换率越大。因此，能量的质量可以用能值转换率来衡量。能值转换率是一切含能物质的能量等级的集中体现[27]。能值分析理论的基本原理也反映在能值转换率上，能值计算分析的关键参数之一也是能值转换率。若不特别指出，某种能量的能值转换率就是该种能量的太阳能值转换率（Solar Transformity）。

能值转换率是指提供单位产出所需要投入的能值[68]，其基本单位为太阳能值焦耳每焦耳（sej/J），也可以是太阳能值焦耳每千瓦时（sej/kWh）、太阳能值焦耳每立方米（sej/m³）等其他单位。

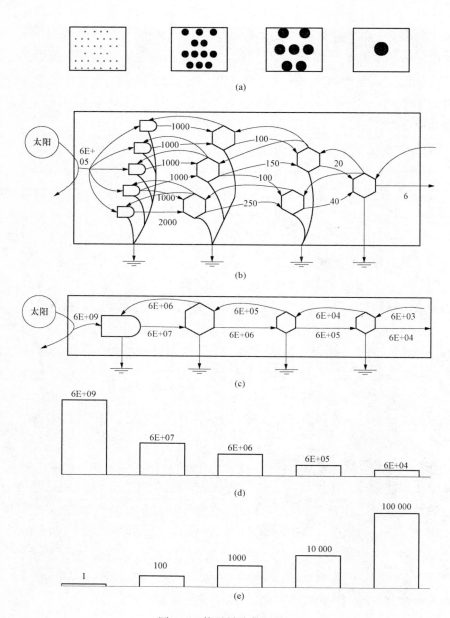

图 1.5　能量转换等级关系

（a）节点控制范围，总的太阳能值为均 6E＋09sej；（b）能量金字塔；

（c）能量转换率；（d）能量转化率；（e）能值转换率

转化某种产出所需的能值越多,其能值转换率越高,如太阳辐射能的能值转换率是 1sej/J,树木通过光合作用形成的木材的能值转换率为 3.20×10^4 sej/J[88]。能值(E)等于能量(B)与能值转换率(τ)的乘积[88],即

$$E = B \times \tau \tag{1.8}$$

某种能量物质的能值转换率的数值大小,依赖于这种能量物质在能量链中的位置。对于自然生态系统来说,已经达到很高效的自组织化程度。因此,对于来自于自然界的产品和服务,具有稳定的能值转换率[68]。表 1.3 给出了能值分析理论研究者已经计算出的常见自然资源的能值转换率[68],可在相关研究中引用。而对于利用自然资源经加工而得到的工业产品的能值转换率,会因为所选择的原材料、生产方式、途径和效率的不同而变化,难以给出确定的数值[90],因此必须具体分析计算。

表 1.3 典型的能值转换率 sej/J

能量类别	能值转换率	能量类别	能值转换率
太阳光	1	河流化学能	81 000
风能	623	机械能、波浪、潮汐能	17 000~29 000
有机物质	4420	固体燃料	18 000~58 000
雨水势能	8888	食物、蔬果、土产品	24 000~200 000
雨水化学能	15 423	蛋白质食物	1 000 000~4 000 000
地球旋转能	34 000	人类劳动	80 000~5 000 000 000
河流势能	47 000	信息	10 000~10 000 000 000

5. 主要能值分析指标

生态经济系统的能值产出(EmY),需要相应的投入。这包括投入的可更新自然资源的能值(EmR)、不可更新自然资源的能值(EmN)、本地可更新资源的能值($EmIR$)、人类经济社会反馈投入的不可更新资源的能值($EmIN$),以及购买的产品与劳务的能值(EmP)。生态经济系统能值投入产出如图 1.6 所示。

通过系统能值分析,可得出相应的能值指标,以定量分析系统的结构和功能[91]。如,用净能值产出率(net emergy yield ratio,EYR)来评价系统的产出效率;用环境负载率(environment load ratio,ELR)来评价系统的环境压

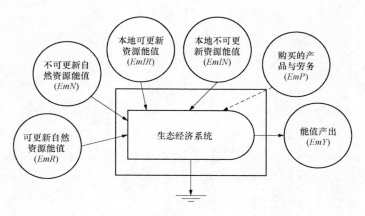

图 1.6 生态经济系统能值投入产出示意图

力；用能值可持续指标（emergy sustainable index，ESI）来评价系统的可持续发展性能。

净能值产出率为系统产出总能值（EmY）与本地可更新资源的能值（$EmIR$）及人类经济社会反馈投入的不可更新资源的能值（$EmIN$）之和的比值，即

$$EYR = \frac{EmY}{EmIR + EmIN} \qquad (1.9)$$

净能值产出率越高，表示系统获得一定的能值投入，生产出的产品能值（产出能值）越高，即系统的生产效率越高。

环境负载率为投入系统不可更新能源的能值总量与可更新能源投入能值总量之比，即

$$ELR = \frac{EmN + EmIN}{EmR + EmIR} \qquad (1.10)$$

式中：EmN 为自然环境投入系统的不可更新资源的能值；$EmIN$ 为人类经济社会反馈投入的不可更新资源的能值；EmR 为自然环境投入系统的可更新资源的能值；$EmIR$ 为人类经济社会反馈投入的可更新资源的能值。环境负载率越高，表明系统对环境的冲击越大。

能值可持续指标为系统净能值产出率与环境负债率之比，即

$$ESI = \frac{EYR}{ELR} \qquad (1.11)$$

能值可持续指标越大，则系统的可持续发展性能越好。

6. 能值分析步骤与应用

能值分析主要包括五个步骤：①收集研究对象的自然环境、地理及经济等各种资料。②确定研究对象的系统边界、主要能量来源和系统内的主要成分。这一步非常重要，应先列出系统各组分的过程和关系，再将各组分对系统的重要程度分类、按性质是否相近进行归类汇总。③绘制系统的能值分析图。为便于对系统进行整体分析，绘制时，要注意能值分析图的系统边界内外各图例的排列顺序，应按图例所代表成分的能值转换率高低，从低到高、由左到右排列。④编制能值分析表。能值分析表包括注释、资源类别、资源原始数量、能值转换率、太阳能值、能值—货币价值等项。⑤计算相应的能值指标。根据能值分析表的原始计算数据，计算相应的能值指标，同时将计算的相关数据标识在能值分析图上，以分析、评价研究对象。另外，还可建立研究对象的能值动态模拟模型，模拟其动态变化，进行方案选择和决策。

能值分析理论可以对不同尺度、不同类型的研究对象进行研究。广泛应用于对自然经济系统[69]、农业生态系统[92]、城市生态系统[93]以及区域生态系统[94]发展现状的分析、评价与比较。通过能值分析，对比可供选择的发展与规划方案[95]，评价人类生产活动对生态系统可能产生的影响，为生态管理与生态设计提供决策上的指导。

能值分析理论为量化评价生态系统产品及服务的价值提供了一个能量学的基础。它以系统生态学为理论基础，借鉴生态系统中的食物链理论，通过网络分析的方法，把生态经济系统中不同种类、不同级别、不可比较的能量转换成同一标准——能值，从而实现对社会—经济—生态复合系统的统一评价。它克服了传统经济学与能量分析方法无法在统一的尺度上对不同质的资源价值进行量化计算的局限，弥补了货币无法客观评价非市场性输入的缺陷[96]，给出了有关系统发展过程中的环境贡献与资源利用可持续性的信息[97]，兼具热力学方法的严密性，量纲统一，为客观评价一切自然与经济活动的产品及服务提供了一个统一的平台[69]，为当前许多与环境相关的决策方法提供了一个更加全面的分析方案。

7. 在水电工程中的应用

能值分析理论可对水电工程的环境能值效益和环境能值成本进行定量评

价[98]，但不能形象描述水电工程建设对区域环境影响程度[99]。文献［100］从水力发电、水产品和农业灌溉方面分析了泰国境内湄公河上游的 Chiang Khan坝和下游的 Pa Mong 坝的环境能值效益，从运行及维护成本、建坝的实物消耗、水库淹没、移民、泥沙淤积等方面评估了所建大坝的环境能值成本。但在计算大坝的可更新能源的能值时，只考虑了用于发电的河水势能，没有考虑可用于农业灌溉、为工业及生活供水的河水化学能；在工程建设期，没有考虑土石方的挖填量、施工机械的能耗、施工人员的消耗等因素。

文献［101］从运行效率、组织结构、功能维持、环境安全等方面对我国境内的尼尔基大坝的生态效应进行了评价。但在计算实物消耗时，简单用建设费用的能值来代替实物消耗的能值，有价值核算法的缺陷。

1.2.4   当前研究中存在的主要问题

上述这些评价方法，一定程度上实现了对水电工程在地质环境、水环境、生态环境、社会环境、淹没及移民安置等方面的定量分析，但还存在以下几个方面的不足：

（1）单要素评价法可以对同一因子对不同时段的影响进行分析，但由于量纲不同，不能对不同因子之间的影响进行横向比较；等标污染负荷法可对环境影响程度相近的不同因子进行横向比较，但不能区分对环境影响程度相差很大而现行"排放标准浓度"又相同的影响因子；价值核算法可对市场机制适用的因素进行核算，但不能对市场机制失灵的方面进行核算；而综合指标评价法适用于环境因子的权重易于确定的情况，对于不易确定的环境影响因子的权重，易受主观因素的影响。

（2）生态足迹模型能直观说明水电工程建设对区域生态环境的影响程度。但是，不同的研究机构，即使同一研究机构在不同年度，给出不同的均衡因子，这将影响研究结果的可比性。同时，传统生态足迹模型没有考虑河流等水资源对区域生态承载力的影响，将导致生态承载力被低估。以水电工程为对象的研究还需要进一步深入。水电工程建设新增的巨大库容，不仅可利用势能发电，还可利用化学能为工农业及生活、生态供水，这些对增强区域生态承载力有重要贡献。目前的研究，考虑了水力发电的贡献，但对新增库容的化学能考虑不够。

（3）能值分析理论为量化评价生态系统产品及服务的价值提供了一个能量

学的基础，可以对水电工程的生态效应进行统一的定量评价。但以下因素在一定程度上制约着能值分析理论在水电工程生态效应定量分析中的应用：

1）水电工程环境影响评价的分析体系没有建立，不同研究者[98,101]采用不同的体系，这将影响研究结果的可比性。

2）全球生物圈每年的能值预算基准由先前的 9.44×10^{24} sej[88]，更新为 2000 年的 15.83×10^{24} sej[102]。根据先前基准计算的能值转换率须重新调整，不能直接引用。

3）对同一产品，不同文献给出不同的能值转换率，有的甚至相差很大（见表 1.4），这对研究结果有较大的影响。

表 1.4　　　　　　　不同文献中不同产品的能值转换率　　　　　　sej/J

钢筋	混凝土	水泥	文献编号
1.80E+15	7.00E+13	—	[100]
—	—	6.30E+11	[91]
2.44E+15	4.40E+14	2.31E+15	[103]
—	9.26E+13	—	[104]
—	7.48E14	—	[3]
2.77E+15	5.08E+14	1.20E+15	[1]

另外，在水电工程建设过程中，需要消耗大量的土石方、水泥、骨料、钢筋等材料，而这些材料大部分都是在工程所在国生产的，其能值转换率与工程所在国生产该材料生产效率密切相关，需要根据具体情况进行计算。

1.3　本书的研究内容和方法

水电工程生态环境影响定量评价由单因素评价向多因素评价发展。多因素评价法可对多个环境影响因子进行统一评价。近年来，生态足迹模型和能值分析理论在环境影响定量评价中都有一些研究和良好的应用[20,21,79]。

本书将从水电工程建设和运行的系统能值流出发，以生态足迹模型为主框架，引入流域能值密度概念，构建水电工程的能值足迹模型，具体包括以下方面：

（1）水电工程生态环境影响定量评价研究进展及存在的问题。

（2）根据生态足迹模型和能值分析理论各自的特点，结合水电工程环境影响定量评价的特性，构建水电工程的能值足迹模型。

（3）建立水电工程环境影响定量评价的能值转换率构成体系，提出能值转换率的计算方法，研究并计算水电工程主要投入产出的能值转换率。

（4）运用构建的能值足迹模型，分别对拟建和已建的水电工程的环境影响进行综合的定量评价，提出增强承载力供给和减小能值足迹占用的对策建议。

研究方法：采用理论分析与应用研究相结合的方法，根据生态足迹模型和能值分析理论各自的特点，建立水电工程的能值足迹模型，以期实现水电工程环境影响的定量评价。

该评价模型将解决水电工程生态环境影响定量评价目前存在的两大难题，即社会因素、经济因素和生态环境因素统一评价以及不同环境影响因子的统一评价。本书的逻辑框架如图 1.7 所示。

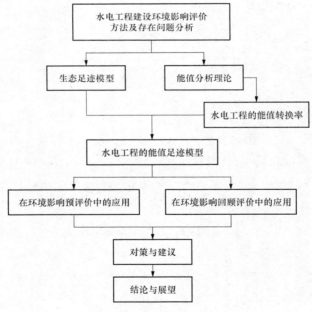

图 1.7　本书的逻辑框架

能值足迹模型

本章将从水电工程建设期和运行期的系统能值流出发，以生态足迹模型为主框架，引入流域能值密度的概念，构建水电工程的能值足迹模型。该模型利用能值分析理论，力图避免传统生态足迹模型中的产量因子和均衡因子的不确定性；同时，利用传统生态足模型的特点，使评价结果更为形象和直观。

2.1　能值与足迹的纽带

生态足迹模型最大的优点是，利用生物生产性土地的概念，形象地描述研究对象对区域的环境压力。能值分析理论的最大优点是，能将生态经济系统中不同种类、不同级别、不可比较的能量转换成同一标准——能值，从而实现对社会—经济—生态复合系统的统一评价。本研究构建的能值足迹模型将同时保留生态足迹模型和能值分析理论的优点。生态足迹模型中，生态足迹和生态承载力的单位是全球性公顷（ghm²）；能值分析理论中，能值的单位是太阳能值焦耳（sej）。这就需要一个桥梁，将能值（sej）转换为"生物生产性土地"（hm²）。为此，引入能值密度的概念。

能值密度（Emergy Density）是指研究区域的可更新自然资源能值利用总量与该研究区域的面积之比，即

$$D = \frac{E_t}{A} \tag{2.1}$$

式中：D 为研究区域的能值密度，sej/hm²；E_t 为投入研究区域的可更新自然资源的能值总量，sej；A 为研究区域的面积，hm²。

能值密度反映了研究区域的经济发展的程度和强度。可用来评价研究区域的能值集约度和强度。研究区域的能值密度越大，经济越发达或开发强度度越大。每年全球可更新能源的能值为 1.583×10^{25} sej[102]，全球平均能值密度为

3. 10×10^{14} sej/hm²。

利用能值密度，就可以将研究对象的消耗及负效应产出的能值，转换为研究对象的生态足迹；将正效应产出的能值转换为生态承载力。能值分析理论通过能值密度与生态足迹模型有机地结合在一起，如图2.1所示。

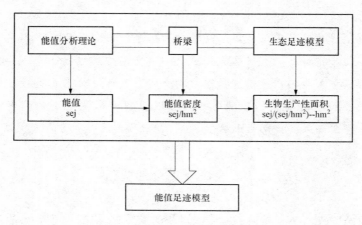

图 2.1 能值足迹模型的桥梁

2.2 可更新自然资源的能值

为了得到能值密度，须先确定研究对象拥有的可更新自然资源的能值。在不同的技术水平下，区域的自然资源利用状况差别很大。如在河流上建坝与否，对河流水能的利用迥然不同。在江河流域上建坝，可将河水的化学能和势能积蓄起来。水电工程建设是人类开发利用江河流域水能资源的重要途径。水电工程建设，主要就是利用河水的势能和化学能。通过建坝，可以抬高水头，利用河水的势能发电；利用河水的化学能，可以进行农业灌溉、提供工业、生活及生态用水。

根据自然资源更新的速度不同，人类直接或间接利用的能源分为可更新能源资源和不可更新能源资源两大类。水电工程建设的可更新能源计算要考虑以下两方面情况：①水电工程所在河流的流量情况；河流的流量大，其可更新能源相应也多。②水电工程本身的特征，这可从两方面考虑：一是水电工程的库容情况，水电工程的库容不同，它"储存"的水资源量也不同；二是水电工程坝址的河床情况，如同样坝高的水电工程，峡谷型河道上建坝的水库回水长度就要小于在开阔型河道上的回水长度，库区内新增库容（库容与库区内原河道中的水体的容量之差）也不同。为此，水电工程建设的可更新能源能值主要包括修建水电工程前坝址所在河段的多年平均径流量的能值，以及水电工程修建后"储存"的可更新能源的能值。

2.2.1　修建水电工程前

修建水电工程前的可更新能源能值，反映水电工程所在河流的流量特征，即修建水电工程前，坝址所在河段的多年平均径流量的能量，这等于径流量的势能和化学能之和。这部分能源是水电工程可更新能源的源泉，是水电工程能否持续运转的基础。

1. 径流的化学能

化学能是储存在化学键内部，当物体发生化学反应时所释放的能量。伴随化学键的断裂和形成，能量在发生变化，转化时通常也伴随热量的放出和吸收。化学能不能直接用来做功，只有在发生化学变化的时候才释放出来，变成热能或者其他形式的能量。河水灌溉作物时，作物通过光合作用，可将 CO_2 和 H_2O 变成多糖，这个过程将储存能量；多糖燃烧将放出 CO_2、H_2O 和热能，放出那部分热量就是化学键断裂所释放的能量。

根据能量计算公式[88]，径流的化学能等于坝址所在河段的多年平均径流量乘以吉布斯自由能，即

$$B_1 = V_1 \times Gs \tag{2.2}$$

式中：B_1 为坝址所在河段的多年平均径流量的化学能，J；V_1 为坝址所在河段的多年平均径流量，m^3；Gs 为河水的吉布斯自由能，取值为 4.94×10^6 J/m^3[88]。

径流的化学能的能值等于径流的化学能乘以河水化学能的能值转换率，即

$$E_1 = B_1 \times \tau_1 \tag{2.3}$$

式中：E_1 为径流的化学能的能值，sej；τ_1 为河水化学能的能值转换率，sej/J。

2. 径流的势能

势能是物体由于位置或位形而具有的能量，它是储存于一个系统内的一种能量，可用来描述物体在保守力场中做功能力大小。势能是状态量，亦称位能，选择不同的势能零点，势能的大小一般不同。

势能分为重力势能、磁场势能、弹性势能、分子势能、电势能、引力势能等。重力势能是物体因为重力作用而拥有的能量。径流的势能是指径流的重力势能，等于径流量、河水的密度、坝址高程及重力加速度的乘积，即

$$B_2 = V_1 \times \rho \times H_1 \times g \tag{2.4}$$

式中：B_2 为坝址所在河段的多年平均径流量的势能，J；ρ 为河水的密度，通常为 $1 \times 10^3 \mathrm{kg/m^3}$；$H_1$ 为坝址高程标高，m；g 为重力加速度，取值为 $9.8\mathrm{m/s^2}$。

径流的势能的能值等于径流的势能乘以河水势能的能值转换率，即

$$E_2 = B_2 \times \tau_2 \tag{2.5}$$

式中：E_2 为径流的势能的能值，sej；τ_2 为河水势能的能值转换率，sej/J。

3. 径流的能值

水电工程坝址所在河段的多年平均径流量的能值等于径流量的势能的能值和化学能的能值之和，即

$$
\begin{aligned}
E_0 &= E_1 + E_2 \\
&= \tau_1 \times B_1 + \tau_2 \times B_2
\end{aligned} \tag{2.6}
$$

式中：E_0 为水电工程坝址所在河段的多年平均径流量的能值，sej。

2.2.2 修建水电工程后

修建水电工程后的能值情况，反映的是水电工程的个体特征，即水电工程修建后"储存"的可更新能源的能值。这等于该水电工程新增库容的势能和化学能的能值之和。

1. 新增库容比

新增库容比等于新增库容与总库容之比，即水库的总库容与库区内原河道中的水体的容量之差与总库容之比

$$\lambda = \frac{V - V_0}{V} \tag{2.7}$$

式中：V_0 为库区内原河道中的水体，$\mathrm{m^3}$；V 为水库总库容，$\mathrm{m^3}$。

2. 新增库容的化学能

新增库容的化学能等于新增库容比、水库总库容以及河水的吉布斯自由能之积，即

$$B_3 = \lambda \times V \times G_S \tag{2.8}$$

式中：B_3 为水库中的河水的化学能，J；V 为水库总库容，m³。

新增库容的化学能的能值等于新增库容的化学能及河水化学能的能值转换率之积，即

$$E_3 = B_3 \times \tau_1 \tag{2.9}$$

式中：E_3 为新增库容的化学能的能值，sej。

3. 新增库容的势能

水库中的河水的势能等于新增库容比、水库总库容、河水的密度、水电站的正常蓄水位及重力加速度的乘积，即

$$B_4 = \lambda \times V \times \rho \times H_2 \times g \tag{2.10}$$

式中：B_4 为水库总库容的势能，J；V 为水库总库容，m³；H_2 为水电站的正常蓄水位标高，m。

新增库容的势能的能值等于总库容的势能及河水势能的能值转换率之积，即

$$E_4 = B_4 \times \tau_2 \tag{2.11}$$

式中：E_4 为新增库容的势能的能值，sej。

4. 新增库容的能值

新增库容的能值等于新增库容的化学能和势能的能值之和，即

$$\begin{aligned}
E_{\text{new}} &= E_3 + E_4 \\
&= \lambda(\tau_1 \times B_3 + \tau_2 \times B_4)
\end{aligned} \tag{2.12}$$

式中：E_{new} 为新增库容的能值，sej。

5. 水电工程的总能值

水电工程一年的可更新能源的总的能值（E_t，sej）等于修建水电工程前，坝址所在河段的多年平均径流量的能值，再加上水电工程修建后新增库容的能值，即

$$E_t = E_0 + E_{\text{new}} \tag{2.13}$$

2.3　流域能值密度

生态足迹模型中，生态足迹和生态承载力的单位是全球性公顷（hm²）；能值分析理论中，能值的单位是太阳能值焦耳（sej）。这就需要一个桥梁，将能

值转换为"生物生产性土地"。为此，引入流域能值密度的概念。

水电工程的流域能值密度是指水电工程所控制的流域面积内的可更新自然资源利用总量的能值与水电工程所控制的流域面积之比。流域能值密度越大，说明该流域的开发程度越高。建坝前与建坝后，水电工程所控制的流域面积内的可更新自然资源利用总量不同，其流域能值密度也不相同。建坝前后的流域能值密度以第一台机组开始发电为分界点。

建坝前的流域能值密度（D_1）等于水电工程坝址所在河段的多年平均径流量的能值（E_0）与水电工程所控制的流域面积之比，即

$$D_1 = \frac{E_0}{A} \tag{2.14}$$

建坝后的流域能值密度（D_2）等于建坝前的能值（E_0）与新增库容中的河水的能值（E_{new}）之和，除以水电工程所控制的流域面积，即

$$D_2 = \frac{E_0 + E_{\text{new}}}{A} \tag{2.15}$$

2.4 模型构建

根据水电工程投入产出特性，将水电工程建设的投入及其负效应产出列入能值足迹占用（emergy footprint，EF）账户，将其正效应产出列入生态承载力供给（ecological capacity，EC）账户[105]，水电工程的能值足迹模型（emergy footprint model，EFM）如图 2.2 所示。

利用流域能值密度，可将能值分析理论与生态足迹模型有机结合在一起：将水电工程建设的消耗及负效应产出的能值，转换为水电工程的能值足迹占用（EF）；将其正效应产出的能值转换为生态承载力（EC）。

水电工程的能值足迹占用是指因修建水电工程的负效应产出而削弱流域生态系统服务功能以及修建水电工程的不可更新资源投入所折算的生物生产性土地的总面积，包括建设期能值足迹占用（EF_c）和运行期能值足迹占用（EF_o）两部分。建设期能值足迹占用主要由水库淹没、水库移民、施工消耗等组成，运行期能值足迹占用主要由泥沙淤积、运行维护费用、减少生态服务价值等组成。

水电工程的承载力供给是指因修建水电工程的正效应产出而增强流域生态

系统服务功能所折算的生物生产性土地的总面积，主要包括水力发电、水库供水、水库养殖、防洪减灾等。

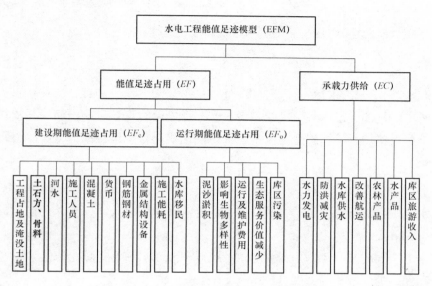

图 2.2 水电工程的能值足迹模型

2.4.1 能值足迹占用

水电工程建设期的施工实物与人员消耗、水库淹没、水库移民、施工废物排放，以及工程运行期的泥沙淤积、库区旅游消耗、运行成本、影响生物多样性、减少生态服务价值、库区水质变差等影响因子，构成了水电工程的能值足迹占用账户。水电工程的能值足迹占用是指修建水电工程的投入以及因修建水电工程的负效应产出而削弱流域生态系统服务功能所折算的生物生产性土地的面积，包括建设期能值足迹占用（EF_c）和运行期能值足迹占用（EF_o）两部分，即

$$EF = EF_c + EF_o = \sum_{i=1}^{T_c} ef_{ci} + \sum_{k=1}^{T_o} ef_{ok} \qquad (2.16)$$

式中：T_c、T_o 分别为水电工程的建设期和运行期，年；ef_{ci} 为水电工程建设期内第 i 年投入的能值足迹占用，hm^2；ef_{ok} 为水电工程运行期内第 k 年的能值足迹占用，hm^2。

建设期内某一年的能值足迹占用（ef_c）等于该年的各项投入的能值之和（E_{mc}）除以建坝前的流域能值密度（D_1），即

$$ef_c = \frac{E_{mc}}{D_1} \tag{2.17}$$

运行期内某一年的能值足迹占用（ef_o）等于该年水电工程建设负效应产出的能值之和（E_{mn}）除以建坝后的流域能值密度（D_2），即

$$ef_o = \frac{E_{mn}}{D_2} \tag{2.18}$$

2.4.2 承载力供给

水电工程的生态承载力供给是指水电工程建设的正效应产出而增强流域生态系统服务功能所折算的生物生产性土地的面积，等于运行期内各年生态承载力（ec）之和，即

$$EC = \sum_{i=T_1}^{T_o} ec_i \tag{2.19}$$

水电工程的承载力供给（EC_o）主要包括水力发电、水库供水、防洪减灾等生态正效应的承载力供给。

水电工程的某一年的生态承载力等于该年正效应产出的能值之和（E_{mp}）除以建坝后的流域能值密度（D_2），即

$$ec = \frac{E_{mp}}{D_2} \tag{2.20}$$

2.4.3 生态效应分析参数

水电工程建设的生态效应，可用生态盈亏、生态影响系数、生态平衡时间、生态盈余时间进行评价。

（1）生态盈亏（EP），从总体上反映水电工程建设对社会、经济和生态环境的影响是正面的或者是负面的，等于水电工程建设提供的总的生态承载力供给与总的能值足迹占用之差，亦即等于该水电工程在运行期的生态盈亏（EB_o）与建设期的生态足迹占用只差

$$EP = EB_o - EF_c = \sum_{i=T_1}^{T} (ec_i - ef_{oi}) - EF_c \tag{2.21}$$

式中：T 为水电工程的寿命期；T_1 为从工程开工到第一台机组开始发电的时间；ec_i、ef_{oi} 分别为运行期内第 i 年的生态承载力供给和生态足迹占用；其他符号含义同前。

当 $EP > 0$ 时，水电工程建设有利于流域的可持续发展；当 $EP \leqslant 0$ 时，水电工程的建设对流域可持续发展不利。

（2）生态平衡时间（T_e），指从水电工程建设开始到实现流域生态平衡所需要的时间，即水电工程运行期的生态盈亏累计之和等于累计能值足迹占用所需的时间。一般地，水电工程在建设结束后的一段时间内达到生态平衡，生态平衡时间可根据下式计算，即

$$EF_c - \sum_{i=T_1}^{T_e}(ec_i - ef_{oi}) = 0 \qquad (2.22)$$

与建设项目的投资回收期类似，水电工程的生态平衡时间反映的是偿还水电工程建设对社会、经济和生态环境复合系统的影响所需的时间。生态平衡时间不仅受项目自身性质的影响，还要受社会、政治因素对工程建设进度的影响，如因移民进度延误将影响水库蓄水、进而影响机组发电。T_e 越小，补偿水电工程建设对社会、经济和生态环境的影响所需的时间越短，对流域社会、经济和环境的负面影响时间就越短；反之，影响的时间就越长。提高水电工程的正效应产出，是缩短生态平衡时间的主要方面；同时，控制社会、政治因素对水电工程建设期的影响，也是缩短生态平衡时间的重要途径。

（3）生态影响系数（γ），是一个无量纲参数，反映水电工程在整个寿命期内对社会、经济和生态环境的影响大小，等于水电工程建设期的能值足迹占用与运行期的生态盈亏（EB_o）之比，即

$$\gamma = \frac{EF_c}{EB_o} = \frac{EF_c}{EC_o - EF_o} \qquad (2.23)$$

γ 越小，表明水电工程建设对社会、经济和生态环境的正面影响越大；反之，负面影响越大。根据生态影响系数的大小，将水电工程建设对社会、经济和环境的综合影响分为有利的影响、较有利的影响、基本有利的影响、较不利的影响和很不利的影响五个等级，见表 2.1。

表 2.1　　　　水电工程建设对社会、经济和环境的综合影响分级表

生态影响系数（γ）	$0<\gamma<0.3$	$0.3\leqslant\gamma<0.6$	$0.6\leqslant\gamma<1$	$1\leqslant\gamma<1.2$	$\gamma\geqslant1.2$
影响等级	有利（Ⅰ级）	较有利（Ⅱ级）	基本有利（Ⅲ级）	较不利（Ⅳ级）	很不利（Ⅴ级）

（4）生态盈余时间（T_s），反映水电工程达到生态平衡后，还能继续服役的时间。当水电工程达到生态平衡之后每年的生态承载力供给大于等于每年的生态足迹占用时，水电工程的生态盈余时间等于水电工程的寿命期与生态平衡时间之差，即等于建设期加上合理使用年限（T_r）再减去生态平衡时间

$$T_s = T - T_e = T_c + T_r - T_e \tag{2.24}$$

生态盈余时间从整个寿命期的角度，评价水电工程对提高流域生态承载力供给持续时间的能力。T_s 越大，水电工程建设对提高流域生态承载力供给的持续时间越长；反之，越短。当 $T_s \leqslant 0$ 时，该水电工程建设对提高流域生态承载力供给没有贡献。

建设期、运行期、合理使用年限、工程寿命期与生态平衡时间、生态盈余时间的关系如图 2.3 所示。

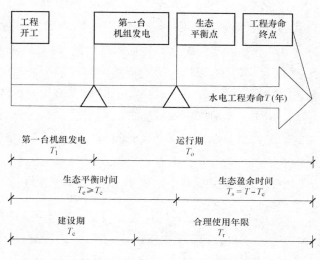

图 2.3　水电工程生态效应时间关系示意图

2.5　本 章 回 顾

本章根据生态足迹模型和能值分析理论各自的特点，利用流域能值密度，将能值分析理论和生态足迹模型两种定量分析方法结合起来，从水电工程建设期和运行期的系统能值流出发，以生态足迹模型为主框架，首次构建了水电工程的能值足迹模型。

本章建立的模型包括水电工程建设期和运行期全过程的定量评价。模型表明，在建设期，水电工程对环境的影响主要表现为足迹占用，就一个具体工程而言，视其设计和施工方案，足迹占用大致是一个定值；而在工程运行期，则包括足迹占用和承载力的供给两个方面，一般而言，一个良好设计的水电工程，在运行期，工程的效益，或者说承载力的供给应该是主要的方面。

　　该模型的计算中避免了传统生态足迹模型的产量因子和均衡因子等由于不同组织和不同年份的不确定性，通过水电工程的能值足迹占用、承载力供给，模型定义的生态补偿时间、生态冲击时间、生态盈余时间和生态影响系数，可对水电工程建设、运行全过程对环境的正面和负面的影响进行综合定量分析。

能值转换率研究

能值转换率是能值足迹模型运用的关键参数。水电工程建设和运行受诸多因素的影响，本章将系统研究水电工程环境影响定量评价的能值转换率构成；研究不同类型影响因素的能值转换率计算方法；研究分析水电工程主要投入产出的能值转换率，包括实物消耗、水库移民、水库淹没、货币等。

3.1　水电工程的能值转换率构成

对水电工程建设的环境影响进行评价，首先需要厘清水电工程建设的主要投入和主要正负效应影响（产出），即首先需要建立水电工程建设的主要投入产出体系。构成这个体系的基本单元是各种资源。根据资源是否被人类社会加工，可分为自然资源和产品。自然资源是指自然界天然存在、未经人类加工的资源，如太阳光、土地、矿藏、水、生物、气候、海洋等。根据自然资源的更新速度，分为可更新资源和不可更新资源两大类。产品是指通过人类劳动获得的、能满足人们某种需求的资源。根据产品的加工程度，可分为初级产品和工业制成品。初级产品，即原材料，是指通过人类社会化生产而获得、经简单加工的农、林、牧、渔及矿业产品。工业制成品是指利用初级产品加工而得到的产品，如煅烧石灰石生产的水泥、冶炼铁矿石得到的钢铁。

现有研究[98~101]主要考虑了河水势能、混凝土、钢筋钢材、金属结构设备的投入，水力发电、供水（农业灌溉）、库区养殖、防洪效益等正效应产出，以及泥沙淤积、水库淹没损失、移民、运行及维护成本等负效应产出。除此之外，还应考虑以下因素：

在投入方面，首先是人的因素，即参加工程建设与运营管理的相关人员；其次必须考虑工程建设需要大量的土石方、水泥、骨料等；以及被占用的土地，这些土地还要区分耕地、林地、牧草地。在产出方面，还应考虑库区水质变化、对生物物种多样性的影响、对文化遗产的影响，以及淹没的房屋、道路等。

为此，本研究从投入产出角度，将水电工程建设环境影响评价的能值转换率构成体系分为三个层次：第一层次，是投入与产出；第二层次，将投入分解为自然资源的投入和产品的投入，将产出分解为正效应产出和负效应产出；第三层次，是构成这个体系的基本单元，即各种资源。

在投入的自然资源方面，包括可更新自然资源（河水、就业人员）、不可更新自然资源（土方、石方、耕地、林地和牧草地）。在投入的产品方面，首先是货币这种特殊的产品，其次是水泥、骨料、混凝土、钢筋钢材、柴油等常规产品。

正效应产出主要包括水力发电、供水（区分农业灌溉、工业供水、生活供水及生态供水）、改善航运（区分货运及客运）、水库养殖、防洪减灾（区分减少损失及减少人员死亡）、库区旅游收入、以及因库区气候改善的作物增产。

负效应产出主要包括水库淹没（区分淹没房屋、道路、文化遗产）、水库移民（包括移民补偿以及移民对社会的影响）、泥沙淤积、库区水质变化（区分Ⅰ类、Ⅱ类、Ⅲ类、Ⅳ类及Ⅴ类水质）、影响生物多样性、影响区域生态系统服务价值、运行及维护成本、施工废水（区分一级、二级、三级达标排放）、库区旅游消耗、以及因下泄低温水造成的下游库岸作物减产。

水电工程建设生态环境影响评价的框架体系应包括上述投入与产出，其能值转换率构成体系如图 3.1 所示。

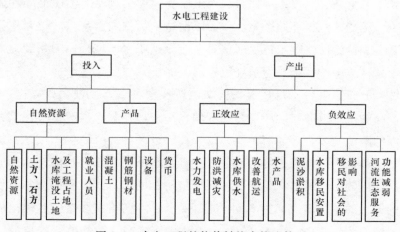

图 3.1　水电工程的能值转换率构成体系

3.2 能值转换率计算方法

能值转换率（τ，sej/unit）是指提供单位产出（Q，unit）所需要投入的太阳能值的数量（E，sej）[34]，其单位可以是太阳能值焦耳/焦耳（sej/J）标准单位，也可以是 sej/t、sej/kWh、sej/m³ 等实用单位。具体表达式如下

$$\tau = \frac{E}{Q} \tag{3.1}$$

人类社会的发展需要各种资源。根据资源是否被人类社会加工，可分为自然资源和产品。自然资源是指自然界天然存在、未经人类加工的资源，如太阳光、土地、矿藏、水、生物、气候、海洋等。根据自然资源的更新速度，分为可更新资源和不可更新资源两大类。产品是指通过人类劳动获得的、能满足人们某种需求的资源。根据产品的加工程度，可分为初级产品和工业制成品。初级产品，即原材料，是指通过人类社会化生产而获得、经简单加工的农、林、牧、渔及矿业产品。工业制成品是指利用初级产品加工而得到的产品，如煅烧石灰石生产的水泥、冶炼铁矿石得到的钢铁。

计算能值转换率时，首先需要确定研究对象的系统边界。根据研究对象的不同，可以将地球生物圈、一个国家或生产系统作为系统边界。不可更新资源（如土壤、岩石）以地球生物圈进行物质和能量循环，一般以地球生物圈作为系统边界。可更新自然资源（如河水）不仅受地球生物圈的物质循环和能量循环的影响，更受区域循环的影响，一般以地球生物圈或国家（区域）作为系统边界；若为了得到反映区域特征的信息，应以国家（区域）作为系统边界；产品可以国家（或生产系统）为系统边界。

自然资源直接来自于自然界，其能值转换率可以直接根据式（3.1）进行计算。产品的生产效率与生产工艺和管理水平密切相关。生产 1 单位某种产品所需投入的能值越多，其能值转换率越大；改进某种产品的生产工艺、提高其生产效率，单位产出所需投入的能值减少，其能值转换率将相应减小。同一产品，采用不同的生产工艺，其能值转换率也不相同。比如，利用太阳能发电技术输出的电力的能值转换率为 8.92×10^4 sej/J，传统的甲烷热电厂输出的电力的能值转换率为 1.70×10^5 sej/J [106]。因此，计算产品的能值转换率时，应以

国家或产品生产系统为系统边界，产品的能值转换率需要进行具体分析后计算。

　　一般情况下，产品生产系统有两大类产出：正效应产出和负效应产出。正效应产出是指在当前认识和技术水平下，对社会、经济和环境有积极作用的产出；反之，为负效应产出，如水力发电是水电工程建设的正效应产出，而泥沙淤积是其负效应产出。对于生产系统，希望正效应产出越多越好；同时，要尽量减小、最好没有负效应产出。对于在目前技术水平下不能有效利用，对社会、经济或环境有负面作用的产出，可视作生产系统的额外投入，以反映产品工艺改进和技术进步对产品能值转换率的影响。根据所求产品所在生产系统的情况，产品的能值转换率可以分为以下三种情况进行计算。

　　1. 单一产品产出系统

　　当产品生产系统只有一种主要产品（假设为产品 X）产出，其他产品产出很小，以至于可以忽略不计，可以认为该系统为单一产品产出系统。产品 X 的能值转换率等于投入生产系统的总的能值（可更新自然资源、不可更新自然资源以及购买的产品与服务的能值之和）与该产品的产量之比，即

$$\tau_X = \frac{E_R + E_N + E_P}{Q_X} \tag{3.2}$$

　　例如，利用混凝土拌和料拌制混凝土，其产出可以认为只有混凝土一种产品产出。图 3.2 所示为单一产品产出系统的能值分析过程。

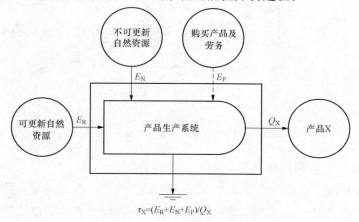

$$\tau_X = (E_R + E_N + E_P)/Q_X$$

图 3.2　单一产品产出系统的能值分析图

2. 多产品产出系统

一般地，产品生产系统为包括正效应产出和负效应产出的多产出系统。某产品（假设为产品 X）的能值转换率（τ_X，sej/unit）等于投入生产系统的总的能值（E_t，sej）与除产品 X 外其他的正效应产出的能值（$E_{positive}$，sej）之差除以该产品的产量，即

$$\tau_X = \frac{E_t - E_{positive}}{Q_X}$$

$$= \frac{E_R + E_N + E_P + E_{negative} - E_{positive}}{Q_X} \tag{3.3}$$

投入该生产系统的总的能值包括：可更新自然资源的能值（E_R）、不可更新自然资源的能值（E_N）、购买的产品与服务的能值（E_P），以及视作投入的负效应产出的能值（$E_{negative}$）。该系统的能值分析如图 3.3 所示。

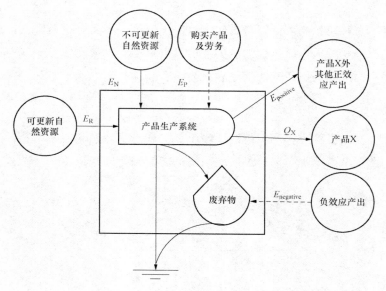

图 3.3　多产品产出系统的能值分析图

3. 利用已知的能值转换率

当某种产品（假设为产品 X）的能值转换率已知，而另一种产品（假设为产品 Y）的属性与产品 X 的属性相近，并且存在某种已知的函数关系，则产品 Y 的能值转换率是产品 X 的能值转换率的函数，即

$$\tau_{Y} = f_{X}(\tau_{X}) \tag{3.4}$$

式中：τ_{Y}、τ_{X} 分别为产品 Y 和产品 X 的能值转换率；f_{X} 为产品 X 与产品 Y 之间的函数关系。

3.3　自然资源的能值转换率

3.3.1　河水

河流水资源的能值转换率大小取决于降雨量和河流水资源总量的多少。河水的能值转换率（τ_{water}，sej/m³），即单位河流水资源所具有的能值，等于区域降雨的能值（E_{water}，sej）与区域河流水资源总量（Q_{water}，m³）之比，其表达式为

$$\tau_{\text{water}} = \frac{E_{\text{water}}}{Q_{\text{water}}}$$

$$= \frac{Q_{\text{rain}} \times Gs \times \tau_{\text{rain}}}{Q_{\text{water}}} \tag{3.5}$$

式中：Gs 为雨水的吉布斯自由能，取 $4.94 \times 10^{6}\,\text{J/m}^{3}$[88]；$\tau_{\text{rain}}$ 为雨水的化学能的能值转换率，取 $3.1 \times 10^{4}\,\text{sej/J}$[102]；$Q_{\text{rain}}$ 为区域降水量，m³。

根据水利部历年《中国水资源公报》[107]，可计算出我国多年（2002~2014年）平均降雨量和河流水资源总量，见表 3.1。

根据式（3.5），我国河流水资源的能值转换率为 $3.43 \times 10^{11}\,\text{sej/m}^{3}$。通过植树造林、荒漠绿化等活动，可以涵养水源，减少水分蒸发，使地表降雨尽可能多地形成河流水资源，从而降低河流水资源的能值转换率。

表 3.1　　中国多年（2002~2014 年）平均降雨量和河流水资源总量

年份	降水量（m³）	水资源总量（m³）	降雨的能值（sej）	河水的能值转换率（sej/m³）
2002	6.26E+12	2.83E+12	9.59E+23	3.39E+11
2003	6.04E+12	2.75E+12	9.25E+23	3.37E+11
2004	5.69E+12	2.41E+12	8.71E+23	3.61E+11
2005	6.10E+12	2.81E+12	9.34E+23	3.33E+11
2006	5.78E+12	2.53E+12	8.86E+23	3.50E+11
2007	5.78E+12	2.53E+12	8.85E+23	3.50E+11

续表

年份	降水量（m³）	水资源总量（m³）	降雨的能值（sej）	河水的能值转换率（sej/m³）
2008	6.20E+12	2.74E+12	9.49E+23	3.46E+11
2009	5.60E+12	2.42E+12	8.57E+23	3.54E+11
2010	6.46E+12	3.09E+12	9.89E+23	3.20E+11
2011	5.51E+12	2.33E+12	8.44E+23	3.63E+11
2012	6.52E+12	2.95E+12	9.98E+23	3.38E+11
2013	6.27E+12	2.80E+12	9.60E+23	3.43E+11
2014	5.98E+12	2.73E+12	9.16E+23	3.36E+11
平均	6.01E+12	2.69E+12	9.21E+23	3.43E+11

3.3.2　岩土

1. 土石方

土方、石方的能值转换率在计算时只考虑土壤的成土过程或岩石的成岩过程，不包括土方开挖、岩石开采过程的消耗和投入。因此，土石方的能值转换率分别取土壤和岩石的能值转换率。

（1）土方。土壤的能值转换率为地球生物圈每年的能值总投入与地球每年生成土壤的量的比值。地球生物圈的能量主要来自太阳能、潮汐能和深层地热能，每年的能值总和为 15.83×10^{24} sej[102]。土壤是岩石圈、大气圈、水圈、生物圈相互作用的产物。地表的岩石在风化作用下形成土壤母质，母质在成土作用下形成土壤。每年土壤生成的量等于岩石的侵蚀速率与地球陆地面积（1.5×10^{14} m²）的乘积。岩石的侵蚀速率受区域地质构造格局、地层岩性、地层结构及岩石微结构、地形地貌和新构造运动等因素影响[108]，进而影响风化作用和土壤形成的速率。山脉地表每年的侵蚀量为 $0.1 \sim 1$ mm[109]，岩石侵蚀率可取其均值（0.55mm/年）。则土壤的能值转换率为 1.92×10^{14} sej/m²。土壤的平均容重为 2.6t/m³，其能值转换率亦为 7.38×10^{13} sej/t。

（2）石方。岩石的能值转换率为地球生物圈每年的能值总投入（15.83×10^{24} sej）与地球每年生成岩石的量的比值。地球每年生成玄武岩（6.34×10^{10} t）、花岗岩（1.89×10^{10} t）、山石（0.84×10^{10} t）、变质岩（0.65×10^{10} t）[88]，共计生成岩石 9.72×10^{10} t，岩石的平均容重为 2.6t/m³，即每年生成岩石 3.74×10^{10} m³。由此可得岩石的能值转换率为 4.23×10^{14} sej/m³，即

$1.63×10^{14}$ sej/t。

2. 土地

水电工程占用土地的能值转换率主要与被占用土地上附着的土壤有关。被占用土地的土层越厚，单位面积土地上附着的土壤就越多，其能值转换率就越大。

$$\tau_{\text{land}} = h_{\text{land}} × \delta × \tau_{\text{soil}} \tag{3.6}$$

式中：τ_{land} 为被占用土地的能值转换率，sej/m^2；h_{land} 为被占用土地的厚度，m；τ_{soil} 为土壤的能值转换率，取值为 $7.38×10^{13}$ sej/t；δ 为土壤的容重，平均值为 2.6t/m^3。

假设这三类土地的平均耕作层厚度为 15cm，则 1m^2 被占用土地上附着的土壤为 0.15m^3。土壤的能值转换率为 $1.92 ×10^{14}$ sej/m^3，则占用土地的能值转换率为 $2.88×10^{13}$ sej/m^2。水电工程建设占用的、对社会影响较大的土地主要是耕地、林地和牧草地。

（1）耕地。我国松辽丘陵、冀北山地、黄土高原、华北平原、内蒙古草原和山东丘陵的土壤厚度值基本上大于平均值，其中较大的最厚值斑块出现在黄土高原的陇东、陇西以及董志塬、洛川塬和渭水一带；南方丘陵地带的土层厚度多低于平均值，也有零星斑块较大；西藏、青海、新疆、云贵高原以及四川盆地的部分地区土壤厚度较小。土层厚度最小为 7cm，最大达 360cm，平均厚度为 98.93cm[110]。根据式（3.6），我国土地的能值转换率最小值为 $1.34×10^{13}$ sej/m^2，最大值为 $6.91×10^{15}$ sej/m^2，平均值为 $1.94×10^{14}$ sej/m^2。耕地的能值转换率可取我国土地能值转换率的平均值，即 $1.94×10^{14}$ sej/m^2。

（2）林地。我国典型森林土壤类型的厚度变动一般在 30～50cm，平均厚度约 39.61cm；森林土壤的容重为 0.8～1.25t/m^3[111]，可取平均值 1.15t/m^3。根据式（3.6），淹没林地的平均能值转换率为 $3.67×10^{13}$ sej/m^2。

（3）草地。不同区域的草地土层的厚度不同，同一区域不同地点的草地土层厚度也不相同。如祁连山林草复合流域的亚高山灌丛草甸土的土层平均厚度为 0.45m，土壤容重为 0.52t/m^3；山地栗钙土草地的土层平均厚度为 0.80m，土壤容重为 1.03t/m^3[112]。呼伦贝尔沙质草原区的土层厚度一般为 0.15～0.40m，平均厚度为 0.28m[113]。本研究取上述三种草地土层平均厚度的算术平均值作为草地土层的厚度值（0.51m）；天然草地土壤的容重一般小于 1.0t/m^3，而经开垦的草地，由于压实作用，土壤容重会大于 $1.10t/m^3$[114]。计算时，草地的土壤容重取 $1.10t/m^3$。根据式（3.6），草地的平均能值转换率为 $4.14 \times 10^{13} sej/m^2$。

3.3.3 人员

1. 就业人员

就业人员是社会经济系统的一种特殊的"自然资源"。从社会学角度看，人被学校和社会"加工"，并通过自己的主观努力，最后形成价值不等的各种"资源"。就业人员的能值转换率与其所接受的教育程度以及他们用于工作的时间有关。所接受的教育越多，社会对其投入越大，其能值转换率越大。如学前、中小学、大学、研究生学历人员的能值转换率分别为 8.90×10^6、2.46×10^7、7.33×10^7、$3.43 \times 10^8 sej/(J \cdot 人)$[68]。同时，就业人员每天用于工作的时间越多，因工作而需要消耗的基础能量就越多。就业人员每小时需要 104 kcal 的基础能量，每天工作 8h，每周工作 5d，其中 10% 用于工作[94]，则每年用于工作的能量为 $9.06 \times 10^7 J$。根据式（3.4），具有学前、中小学、大学、研究生学历的就业人员的能值转换率分别为 8.06×10^{14}、2.23×10^{15}、6.64×10^{15}、$3.11 \times 10^{16} sej/(人 \cdot 年)$。假设我国水利水电行业就业人员的学前、中小学、大学和研究生学历比例为 0.1：4.8：5：0.1，则我国水利水电行业就业人员的能值转换率为 $4.71 \times 10^{15} sej/(人 \cdot 年)$。

2. 因灾死亡人员

因灾死亡人员的能值转换率与其受教育程度和后续生命的长短有关。学前、中小学及大学学历人员的能值转换率分别为 3.4×10^{16}、9.4×10^{16}、$2.80 \times 10^{17} sej/(人 \cdot 年)$[68]。假设因灾淹没死亡人员中，具有学前、中小学和大学学历的比例相同，即各占 1/3 左右，则淹没死亡人员的能值转换率为 $1.36 \times 10^{17} sej/(人 \cdot 年)$。若被淹没人员的平均后续生命为 30 年，淹没死亡人员的能值转换率为 $4.08 \times 10^{18} sej/人$。

3. 施工人员的日常消耗

根据对某水电工程施工现场的计算数据，施工人员平均每人每天消费小麦 0.25kg、谷物 0.3kg、蔬菜 0.5kg、肉类 0.2kg、植物油 0.15kg、水果 0.25kg 和水 120kg。施工人员平均每人每天消费的能值为 $1.45 \times 10^{13} sej$，施工人员日常消耗的能值转换率为 $1.45 \times 10^{13} sej/(人 \cdot 天)$。

4. 旅游人员的日常消耗

根据某水电工程库区旅游的统计数据，库区旅游人员平均每人每天消费小麦 0.15kg、谷物 0.25kg、蔬菜 0.5kg、肉类 0.1kg、植物油 0.05kg、水果 0.5kg 和水 100kg。库区旅游人员平均每人每天消费的能值为 6.58×10^{12} sej，库区旅游人员的日常消耗的能值转换率为 6.58×10^{12} sej/（人·天）。

3.4　产品的能值转换率

3.4.1　货币

货币是社会经济系统的另一类特殊的"产品"，其能值转换率（能值/货币比率）可以通过分析一个国家（或地区）投入的自然资源和初级产品的能值总和与支出法国内生产总值（GDP by Expenditure Approach，eGDP）产出来计算。货币的能值转换率等于研究区域的能值总投入和与该区域以货币表示的产出之比，即

$$\tau_{\text{money}} = \frac{E_{\text{total}}}{Q_{\text{money}}}$$
(3.7)

式中：τ_{money} 为货币的能值转换率，sej/元；E_{total} 为研究区域的能值总投入，sej；Q_{money} 为系统以货币表示的产出，以支出法国内生产总值（eGDP）表示，元。

研究区域投入的总的能值包括可更新自然资源的能值（E_{mR}）、本地可更新资源产品的能值（E_{mIR}）以及本地不可更新资源能值（E_{mIN}）三部分，即

$$E_{\text{total}} = \alpha \times E_{\text{mR}} + E_{\text{mIR}} + E_{\text{mIN}}$$
(3.8)

式中：α 为可更新自然资源的能值被人类社会利用的比例。根据能值分析理论，能量沿生态系统能量链流动和转换时，能流量逐级减少，后一营养级所获得的能量约为前一营养级的 10%[86]，可取 $\alpha = 10\%$。

可更新自然资源主要包括太阳光、风能、地表降雨、海浪能、潮汐能、地球循环能。本地可更新资源产品主要包括就业人员、水资源以及主要农林牧渔业产品。本地不可更新资源主要由原煤、原油、天然气等能源消耗，以及水泥、粗钢、化肥等初级工业产品组成。

为避免重复计算，在计算本地可更新资源产品的能值和本地不可更新资源能值时，不包括由初级工农业产品进行深加工后所的产品的能值。同时，由于

eGDP 已考虑了货物和服务的进出口影响，在计算时，不再考虑进出口的影响。

根据《中国统计年鉴》[115] 和《水资源公报》[107] 的历年统计数据，可以整理得到计算我国货币能值转换率的原始数据。如 2015 年，我国可更新自然资源的能值为 3.60×10^{24} sej，本地可更新资源产品的能值为 1.33×10^{25} sej，本地不可更新资源能值为 1.04×10^{25} sej（见表 3.2）。根据式（3.8），进入我国社会经济系统的总的能值为 2.40×10^{25} sej。

2015 年，我国的 eGDP 为 6.76×10^{13} 元，根据式（3.7），我国 2015 年的货币能值比率为 3.55×10^{11} sej/元。我国社会、经济和环境能值系统分析如图 3.4 所示。表 3.3 是我国最近 15 年的货币能值转换率计算结果。

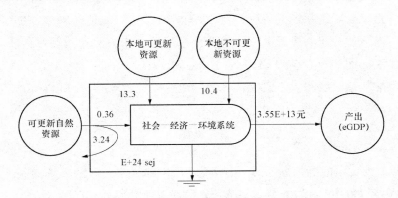

图 3.4　我国社会、经济和环境能值系统分析图（2015 年）

货币的能值转换率（τ_{RMB}，sej/元）与 eGDP（元）较好地（$R^2 = 0.995\,1$）满足幂函数关系，即

$$\tau_{\text{RMB}} = 1 \times 10^{21} \times \text{eGDP}^{-0.694} \tag{3.9}$$

若考虑汇率因素，货币的能值转换率（τ_{USD}，sej/USD）与 eGDP（元）也较好地（$R^2 = 0.985$）满足幂函数关系，即

$$\tau_{\text{RMB}} = 5 \times 10^{22} \times \text{eGDP}^{-0.746} \tag{3.10}$$

表 3.2　　　　　　　我国社会、经济和环境能值计算表（2015 年）

序号	项目	单位	原始数据	能值转换率（sej/unit）	参考文献	能值（sej）
	可更新自然资源					3.60E+24
1	太阳能	J	5.62E+22	1.00E+00	[102]	5.62E+22

续表

序号	项目	单位	原始数据	能值转换率（sej/unit）	参考文献	能值（sej）
2	风能	J	1.21E+20	2.45E+03	[102]	2.97E+23
3	降雨	m³	5.89E+12	1.45E+11	[102]	8.54E+23
4	海浪能	J	2.25E+19	5.10E+04	[102]	1.15E+24
5	潮汐能	J	1.24E+19	7.39E+04	[102]	9.18E+23
6	地球旋转能	J	9.60E+18	3.44E+04	[104]	3.30E+23
	本地可更新资源					1.33E+25
7	就业人员	人·年	7.75E+08	4.71E+15	本研究	3.65E+24
8	供水	m³	6.18E+11	3.43E+11	本研究	2.12E+23
9	粮食	t	6.21E+08	1.25E+15	[88]	7.77E+23
10	棉花	t	5.61E+06	2.31E+16	[88]	1.30E+23
11	油料	t	3.55E+07	1.96E+16	[88]	6.95E+23
12	甘蔗	t	1.25E+08	1.28E+15	[88]	1.60E+23
13	水果	t	2.61E+08	7.99E+14	[88]	2.09E+23
14	肉类	t	8.63E+07	2.85E+16	[88]	2.46E+24
15	奶类	t	3.76E+07	3.37E+16	[116]	1.27E+24
16	羊毛	t	4.79E+05	7.37E+16	[88]	3.53E+22
17	蛋类	t	3.00E+07	1.07E+17	[116]	3.21E+24
18	木材	m³	8.23E+07	3.32E+14	[88]	2.73E+22
19	橡胶等	t	4.61E+06	6.03E+15		2.78E+22
20	水产品	t	6.69E+07	6.03E+15	[88]	4.03E+23
	本地不可更新资源					1.04E+25
21	能耗	tce	4.30E+09	1.17E+15	[88]	5.03E+24
22	水泥	t	2.36E+09	1.20E+15	[1]	2.83E+24
23	粗钢	m³	8.04E+08	2.77E+15	[1]	2.23E+24
24	化肥	t	7.43E+07	4.19E+15	[104]	3.11E+23

货币的能值转换率在一定程度上反映研究区域的社会经济发展水平，其值越小，发展水平越高。货币的能值转换率随 eGDP 的增长而呈减小的趋势。我国货币的能值转换率（τ_{RMB}）与支出法国民生产总值（eGDP）的拟合曲线如图 3.5 所示。

表3.3　我国货币的能值转换率汇总表（1992～2015年）

年份	可更新自然资源能值(sej)	本地可更新自然资源能值(sej)	本地不可更新自然资源能值(sej)	进入中国社会经济系统总能值(sej)	eGDP(元)	τ_{RMB}(sej/元)	汇率($/¥)	τ_{USD}(sej/USDn)
1992	3.59E+24	8.11E+24	1.99E+24	1.05E+25	2.7565E+12	3.80E+12	5.515	2.09E+13
1993	3.59E+24	8.19E+24	2.18E+24	1.07E+25	3.6938E+12	2.90E+12	5.762	1.67E+13
1994	3.59E+24	8.28E+24	2.34E+24	1.10E+25	5.0217E+12	2.19E+12	8.619	1.88E+13
1995	3.59E+24	8.43E+24	2.52E+24	1.13E+25	6.3217E+12	1.79E+12	8.351	1.49E+13
1996	3.59E+24	8.64E+24	2.61E+24	1.16E+25	7.4164E+12	1.57E+12	8.314	1.30E+13
1997	3.59E+24	8.77E+24	2.67E+24	1.18E+25	8.1659E+12	1.45E+12	8.290	1.20E+13
1998	3.73E+24	9.17E+24	2.73E+24	1.23E+25	8.6532E+12	1.42E+12	8.279	1.17E+13
1999	3.61E+24	9.46E+24	2.85E+24	1.27E+25	9.1125E+12	1.39E+12	8.278	1.15E+13
2000	3.62E+24	9.63E+24	2.95E+24	1.29E+25	9.8749E+12	1.31E+12	8.278	1.08E+13
2001	3.59E+24	9.80E+24	3.15E+24	1.33E+25	1.0903E+13	1.22E+12	8.277	1.01E+13
2002	3.66E+24	1.00E+25	3.42E+24	1.38E+25	1.2048E+13	1.15E+12	8.277	9.50E+12
2003	3.62E+24	1.04E+25	3.98E+24	1.47E+25	1.3663E+13	1.08E+12	8.277	8.91E+12
2004	3.57E+24	1.08E+25	4.64E+24	1.58E+25	1.608E+13	9.83E+11	8.277	8.14E+12
2005	3.63E+24	1.12E+25	5.22E+24	1.68E+25	1.8713E+13	8.96E+11	8.192	7.34E+12
2006	3.59E+24	1.14E+25	5.88E+24	1.76E+25	2.2224E+13	7.94E+11	7.972	6.33E+12
2007	3.59E+24	1.16E+25	6.48E+24	1.84E+25	2.6583E+13	6.94E+11	7.604	5.28E+12
2008	3.65E+24	1.21E+25	6.73E+24	1.92E+25	3.149E+13	6.10E+11	6.945	4.24E+12
2009	3.56E+24	1.23E+25	7.37E+24	2.00E+25	3.4632E+13	5.77E+11	6.831	3.94E+12
2010	3.68E+24	1.25E+25	8.51E+24	2.13E+25	3.9431E+13	5.41E+11	6.770	3.66E+12
2011	3.55E+24	1.26E+25	9.21E+24	2.22E+25	4.7262E+13	4.70E+11	6.4588	3.04E+12
2012	3.69E+24	1.30E+25	9.65E+24	2.30E+25	5.2924E+13	4.34E+11	6.3125	2.74E+12
2013	3.66E+24	1.30E+25	1.02E+25	2.36E+25	5.832E+13	4.05E+11	6.1932	2.51E+12
2014	3.60E+24	1.32E+25	1.05E+25	2.41E+25	6.3404E+13	3.80E+11	6.1428	2.33E+12
2015	3.60E+24	1.33E+25	1.04E+25	2.40E+25	6.7671E+13	3.55E+11	6.2284	2.21E+12

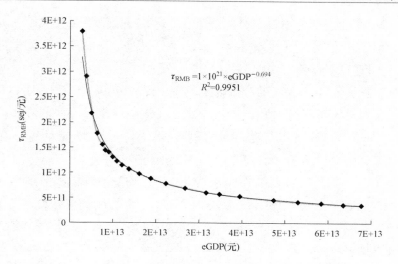

图 3.5　我国货币能值转换率（τ_{RMB}）与 eGDP 的拟合曲线

3.4.2　水污染物和大气污染物

不同的废弃物，对环境的有害程度、生物体的毒性以及处理的技术经济费用不同。污染当量是有害当量、毒性当量和费用当量的一种综合关系的体现[117]，可用于区域废弃物管理和环境影响评价。污染当量是根据各种污染物或污染排放活动对环境的有害程度、生物体的毒性以及处理的技术经济性而规定的有关污染物或污染排放活动的一种相对数量关系。若单位数量的污染物 X 与一定数量的污染物 Y 排入相同区域环境中，对环境的有害程度、生物体的毒性以及处理的技术经济性相当，则 X、Y 之间相当的量称为污染当量。某废弃污染物的污染当量值越小，说明该污染物对环境的有害程度、生物体的毒性或处理的技术经济费用越大。相关污染物的污染当量值，可以在文献 [118] 中得到。

当一种污染物的能值转换率已知时，根据污染当量的含义，另外一种污染物的能值转换率等于已知污染物的能值转换率及其污染当量的乘积与自身的污染当量之比，即

$$\tau_Y = \frac{Eq_X}{Eq_Y} \times \tau_X \tag{3.11}$$

式中：τ_Y 为待求的污染物 Y 的能值转换率，sej/t；τ_X 为已知的污染物 X 的能值转换率，sej/t；Eq_Y、Eq_X 分别为污染物 Y 和 X 的污染当量值，kg。

磷（P）的能值转换率为 1.58×10^{17} sej/t[119]；化学需氧量（COD）和磷（P）的污染当量值分别为 1kg 和 0.05kg[118]。根据式（3.11），化学需氧量（COD）的能值转换率为 7.90×10^{15} sej/t。

同样，根据氯气（Cl_2）的能值转换率（4.59×10^{15} sej/t）[120]，可以计算出其他主要大气污染物的能值转换率，如二氧化硫（SO_2）的能值转换率为 1.64×10^{15} sej/t。CO_2 减排能值转换率随着光伏发电系统的效率的提升而降低，随着水平面太阳辐射量的增加而降低，且变化趋势趋于平滑[121]。当系统的效率分别为 10%、12%、14% 和 16% 时，CO_2 的平均能值转换率分别为 3.15×10^{14}、2.42×10^{14}、1.97×10^{14}、1.66×10^{14} sej/t。CO_2 的能值转换率可取其平均值，即 2.30×10^{14} sej/t。本研究计算了主要水污染物和大气污染物的能值转换率，分别见表 3.4 和表 3.5。

表 3.4　　　　　　　　主要水污染物污染当量值和能值转换率

序号	污染物	污染当量值（kg）	能值转换率（sej/t）
1	总汞	0.0005	1.58E+19
2	总镉	0.005	1.58E+18
3	总铬	0.04	1.98E+17
4	六价铬	0.02	3.95E+17
5	总砷	0.02	3.95E+17
6	总铅	0.025	3.16E+17
7	浮物	4	1.98E+15
8	生化需氧量（BOD_5）	0.5	1.58E+16
9	化学需氧量（COD）	1	7.90E+15
10	总有机碳（TOC）	0.49	1.61E+16
11	石油类	0.1	7.90E+16
12	动植物油	0.16	4.94E+16
13	挥发酚	0.08	9.88E+16
14	氰化物	0.05	1.58E+17
15	硫化物	0.125	6.32E+16
16	氨氮	0.8	9.88E+15
17	氟化物	0.5	1.58E+16

续表

序号	污染物	污染当量值（kg）	能值转换率（sej/t）
18	甲醛	0.125	6.32E+16
19	苯胺类	0.2	3.95E+16
20	总铜	0.1	7.90E+16
21	总锌	0.2	3.95E+16
22	总锰	0.2	3.95E+16
23	总磷	0.25	3.16E+16
24	元素磷（以 P 计）	0.05	1.58E+17

表 3.5　　　　　　　部分主要大气污染物污染当量值和能值转换率

序号	污染物	污染当量值（kg）	能值转换率（sej/t）
1	二氧化硫	0.95	1.64E+15
2	氮氧化物	0.95	1.64E+15
3	一氧化碳	16.7	9.34E+13
4	氯气	0.34	4.59E+15
5	氯化氢	10.75	1.45E+14
6	氟化物	0.87	1.79E+15
7	硫酸雾	0.6	2.60E+15
8	一般性粉尘	4	3.90E+14
9	烟尘	2.18	7.16E+14
10	甲醛	0.09	1.73E+16
11	硫化氢	0.29	5.38E+15
12	二氧化碳	—	2.30E+14

1. 施工废水

对水电工程建设的水环境影响评价包括两个方面：一是建设过程中排放的生产和生活废水的评价，二是对水电工程运行后库区水体水质的评价。当水体中相关污染因子的含量超出了国家规定的有关标准限值时，就变成了"废水"。"废水"是相关污染因子与水的混合物。

因此，废水的能值转换率等于地表降雨的能值转换率与单位废水中污染因

子的能值转换率之和，即

$$\tau_w = \tau_{rain} + 10^{-6} \times \sum_{i=1}^{n} \tau_i \times \gamma_i \qquad (3.12)$$

式中：τ_w 为施工废水的能值转换率，sej/m^3；τ_{rain} 为地表降雨的能值转换率，取 $1.45 \times 10^{11} sej/m^{3[102]}$；$\tau_i$、$\gamma_i$ 分别为施工废水中第 i 种污染因子的能值转换率（sej/t）和在废水中的含量（mg/L）。

水电工程建设的水污染环境影响评价适用《污水综合排放标准》（GB 8978—1996）[122]。该标准将污染物分为两类，第一类污染物须控制统一最高允许排放浓度，如总镉、总砷等最高允许排放浓度分别为 0.1mg/L 和 0.5mg/L。第二类污染物可根据工程所在地的环境控制要求，又分为一级、二级和三级标准，化学需氧量（COD）的一级、二级、三级排放限值分别为 100、300、1000mg/L。

假设水电工程建设过程排放的废水均为达标排放，根据式（3.14），水电工程建设过程中的废水的能值转换率为 $7.11 \times 10^{12} sej/m^3$（按一级标准排放）、$1.07 \times 10^{13} sej/m^3$（按二级标准排放）、$2.59 \times 10^{13} sej/m^3$（按三级标准排放）。在其构成中，五日生化需氧量（$BOD_5$）、化学需氧量（COD）、石油类、动植物油、氨氮等污染物是其主要贡献者（三级排放标准，59.68%）；控制 BOD_5 和 COD 的排放限值是降低废水的能值转换率的主要途径。

2. 库区水质

水库的污染因子主要有化学需氧量（COD）、五日生化需氧量（BOD_5）、氨氮（$NH_3\text{-}N$）、总磷（TP）、总氮（TN）以及一些重金属。根据《地表水环境质量标准》（GB 3838—2002）[123]，不同水域环境功能和保护等级的水体，对污染因子的含量限值要求是不同的。因此，不同类别水体的能值转换率也不相同，其能值转换率等于该类水体各类污染因子的能值转换率与地表降雨的能值转换率，即

$$\tau_q = \tau_{rain} + 10^{-6} \times \sum_{i=1}^{n} \tau_i \times \gamma_i \qquad (3.13)$$

式中：τ_q 为库区水质的能值转换率，sej/m^3；τ_{rain} 为地表降雨的能值转换率，取 $1.45 \times 10^{11} sej/m^{3[102]}$；$\tau_i$、$\gamma_i$ 分别为库区水体中第 i 种污染因子的能值转换率（sej/t）和含量（mg/L）。

随着污染物含量增加，库区水体水质变差，水库区水体的能值转换率呈上

升趋势；由 Ⅰ 类水体的 3.78×10^{11} sej/m³，增加到 Ⅴ 类水体的 1.18×10^{12} sej/m³（见图 3.6）。

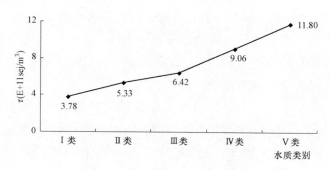

图 3.6　库区不同类别水体的能值转换率（τ）

在库区水体能值转换率的构成中，化学需氧量（COD）是其主要贡献者，其次是五日生化需氧量（BOD₅）和重金属。以 Ⅲ 类水体为例，COD 和 BOD₅ 的贡献率达 34.45%，重金属达 27.71%。因此，控制有机物和重金属排入库区水体是降低库区水体能值转换率的主要途径。

3.4.3　水泥

水泥是工程建设三大基本材料之一，使用范围广、用途大。我国是水泥生产大国，2011 年我国水泥产量已达 2.1×10^9 t[115]。水泥的品种很多，本研究以应用最为广泛的硅酸盐水泥为例进行测算。在水泥生产过程中，破碎、烘干、粉磨、煅烧、均化、选粉、筛分、喂料、输送、包装等工序中都会产生大量的粉尘，要消耗大量的能量，排放大量粉尘、烟尘以及二氧化碳（CO_2）、二氧化硫（SO_2）、氮氧化物（NO_x）等。

1. 单位产量原料消耗量

石灰质和黏土质原料是生产硅酸盐水泥的主要原料。石灰质原料主要提供 CaO，黏土质主要提供 SiO_2、Al_2O_3 和 Fe_2O_3。将生料送入煅烧窑中，经过干燥、预热、分解、烧成和冷却五个阶段，产生一系列复杂的物理化学和热化学反应，最后形成所需的矿物成分（熟料）。熟料以硅酸钙为主，约占总量的75%，铝酸三钙和铁铝酸四钙占 18%～25%[124]。每吨熟料需要石灰石 1.1～1.3t、黏土质 0.3～0.4t，水泥中石膏的参量一般为水泥质量的 3%～5%[125]。计算时取平均值，即每吨熟料需要石灰石 1.2t、黏土质 0.35t。

根据《通用硅酸盐水泥》（GB 175—2007）规定，硅酸盐水泥熟料和石膏占 80%～95%，混合材料占 5%～20%，混合材料可以选择粒化高炉矿渣、火山灰质混合材料、粉煤灰或石灰石。本研究在计算水泥的原料消耗时，取水泥熟料、石膏和石灰石混合材料的比例分别为 80%、4% 和 16%，则生产 1t 水泥，需要石灰石 1.12t、黏土 0.28t、石膏 0.04t。

2. 单位水泥产量新水消耗量

不同的水泥生产工艺，单位水泥产量的耗水强度不同。根据文献［126］的调查数据，新型干法预分解窑和湿法回转窑的耗水强度分别为 4.61kg/t 和 114.47kg/t。根据我国水泥产量及新型干法窑所占比例[127,128]，可以计算出单位水泥产量新水消耗量（见表 3.6）。

表 3.6　　　　　　　　我国水泥业的耗新水强度（2001～2010 年）

项目	2001 年	2002 年	2003 年	2004 年	2005 年	2006 年	2007 年	2008 年	2009 年	2010 年
水泥产量（10^8t）	6.61	7.25	8.62	9.67	10.69	12.37	13.61	14.24	16.44	18.82
新干法比例（%）	14.2	17.1	21.9	32.5	44.5	48	55	61	70	80
耗新水强度（kg/t）	99	96	91	79	66	62	54	48	38	27

3. 单位综合能耗

水泥制造业是最大的建筑材料制造行业，同时又是高耗能产业，水泥工业万元 GDP 能耗是全国万元 GDP 能耗的 4 倍[129]。2009 年水泥能源消耗占建材工业能耗总量的 72.4%，占全国工业部门能耗总量 6.8%[128]。根据文献［115］、［128］、［130］，可计算出我国水泥制造业的产量和单位综合能量消耗，见表 3.7。单位综合能耗的电力折算标准煤系数取国家统计局的口径，即 0.122 9kgce/ kWh。

表 3.7　　　　　　　　我国水泥的单位综合能量消耗（2001～2010 年）

项目	2001 年	2002 年	2003 年	2004 年	2005 年	2006 年	2007 年	2008 年	2009 年	2010 年
能耗（10^8tce）	0.84	0.93	1.11	1.28	1.36	1.48	1.57	1.59	1.71	1.94
单位综合能耗（kgce/t）	127	128	129	132	127	120	115	112	104	103

4. 单位水泥产量 SO_2、NO_x 及烟粉尘排放量

水泥生产过程，烟粉尘主要是由于原、燃料制备和水泥成品储运，物料的破碎、烘干、粉磨、煅烧等工序产生的废气排放或外逸而引起的。二氧化硫

（SO₂）、氮氧化物（NOₓ）主要来自燃料的燃烧。NOₓ包括氧化亚氮（N₂O）、一氧化氮（NO）、二氧化氮（NO₂）等，主要是 NO，占 90%～95%[131]。先进的新干法工艺的大气污染物排放量比传统的立窑工艺的低[132]，见表 3.8。

表 3.8 不同水泥生产工艺的大气污染物排放当量 kg/t

项目	粉尘	烟尘	二氧化硫	氮氧化物
新干法	0.50	0.06	0.51	2.02
立窑	1.70	0.67	1.85	3.71

根据我国水泥产量中新干法工艺产量的比例，可以计算出单位水泥产量 SO₂、NOₓ 及烟粉尘排放量，见表 3.9。

表 3.9 我国水泥制造业主要大气污染物的排放当量 kg/t

大气污染物名称	2001 年	2002 年	2003 年	2004 年	2005 年	2006 年	2007 年	2008 年	2009 年	2010 年
粉尘	1.53	1.49	1.44	1.31	1.17	1.12	1.04	0.97	0.86	0.74
烟尘	0.58	0.57	0.54	0.47	0.40	0.38	0.33	0.30	0.24	0.18
二氧化硫	1.66	1.62	1.56	1.41	1.25	1.21	1.11	1.03	0.91	0.78
氮氧化物	3.47	3.42	3.34	3.16	2.96	2.90	2.78	2.68	2.53	2.36

5. 单位水泥产量 CO₂ 排放量

水泥生产过程中要排放大量的温室气体 CO₂。文献［48］综合考虑石灰石煅烧、水泥原料中有机碳煅烧、以及水泥窑燃料燃烧等情况，得到水泥制造业的 CO₂ 的单位排放量（排放强度）经验公式，即

$$Q_{CO_2} = 0.440\,4 + 2.716\,4\psi \qquad (3.14)$$

式中：Q_{CO_2} 为水泥制造业的 CO₂ 的单位排放量，t/t；ψ 为水泥制造业的单位综合能耗，tce/t。

根据我国水泥行业的单位综合能耗及式（3.14），可以得到我国水泥行业的 CO₂ 排放量，见表 3.10。

表 3.10 我国水泥行业的 CO₂ 单位排放量（2001～2010 年）

项目	2001 年	2002 年	2003 年	2004 年	2005 年	2006 年	2007 年	2008 年	2009 年	2010 年
CO₂ 排放总量（10⁸t）	5.19	5.71	6.82	7.73	8.40	9.48	10.25	10.60	11.88	13.55
单位 CO₂ 排放量（t/t）	0.79	0.79	0.79	0.80	0.79	0.77	0.75	0.74	0.72	0.72

6. 水泥的能值转换率计算

以 2010 年为例，生产 1t 水泥的实物消耗的能值为 1.46×10^{15} sej（见表 3.11），单位水泥生产量的能值分析如图 3.7 所示。在水泥生产过程中，人工、制作费用（折旧）及其他成本占 16%[133]，则我国水泥生产的能值转换率为 1.74×10^{15} sej/t。影响水泥能值转换率大小的主要石灰石、黏土和石膏等原料的消耗（占 67.12%），其次是人工及其他成本（占 16%）、大气污染物排放（占 9.84%）以及能耗（占 6.93%）。随着生产工艺的改进，能源量消耗及大气污染物排放量逐步降低，我国水泥的能值转换率也逐步减小：由 2000 年的 1.80×10^{15} sej/t，减小到 2010 年的 1.74×10^{15} sej/t。

表 3.11　　　我国单位水泥产量的能值分析（2010 年）

项目	单位	数量	能值转换率（sej/unit）	能值（sej）
能耗	tce	0.12	1.17E+15	1.40E+14
石灰石	t	1.12	9.89E+14	1.11E+15
黏土	t	0.28	7.38E+13	2.07E+13
石膏	t	0.04	9.89E+14	3.96E+13
水	m³	0.03	1.60E+12	4.80E+10
CO_2	t	0.72	2.30E+14	1.66E+14
SO_2	kg	0.78	1.64E+12	1.28E+12
粉尘	kg	0.74	3.90E+11	2.89E+11
烟尘	kg	0.18	7.16E+11	1.29E+11
NO_x	kg	2.36	1.64E+12	3.87E+12
合计				1.46E+15

3.4.4　混凝土

1. 骨料

水电工程建设的骨料需要量大，骨料的质量直接影响混凝土坝的质量，骨料以细度模数控制，一般取 2.4～2.8。骨料有天然骨料（成本低，但级配与混凝土设计级配不同）、人工骨料（质量好，可利用开挖出的石料，但成本高）和混合骨料（天然骨料为主，人工骨料为辅）等三种生产方式。粗骨料通过破碎、筛分等工序加工而成；天然砂砾石通过筛分设备筛出各级粗骨料后，其余

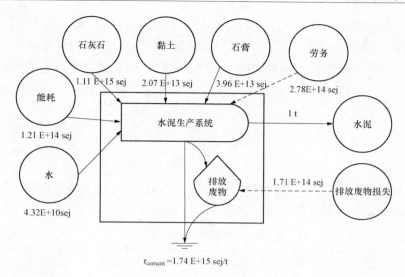

图 3.7 我国单位水泥产量能值分析图（2010 年）

部分即为细骨料。一般采用沉砂箱或沉砂池，由螺旋洗砂机脱水后即可堆存使用；人工砂采用棒磨机进行细骨料加工。

本研究以混合骨料（天然骨料占 60%，人工骨料占 40%）进行计算。根据现场收集数据，生产 1m³ 骨料需要消耗砂砾石 1m³、水 0.112m³、劳务 41.5 元，以及能耗 28kgce，其能值总量为 4.78×10^{14} sej，则骨料的能值转换率为 4.78×10^{14} sej/m³。单位骨料能值分析如图 3.8 所示。骨料的容重为 2.6t/m³，其能值转换率亦可表示为 1.84×10^{14} sej/t。

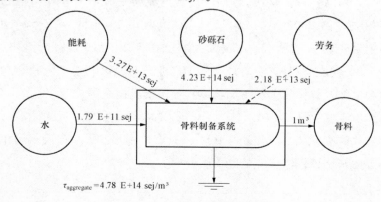

图 3.8 单位骨料能值分析图

2. 混凝土

混凝土的能值转换率以 C40 混凝土进行计算。计算时,只包括混凝土的生产工序,不包括骨料的运输和混凝土的运输、浇筑与养护等工序。根据现场收集数据,生产 1m³ 混凝土的消耗量为水泥 438kg、砂子 522kg、碎石 1279kg(0.492m³)、水 175kg,即配合比为,水泥:砂子:碎石:水=1:1.19:2.92:0.40。生产 1m³ 混凝土的能值投入为 1.09×10^{15} sej(见表 3.12),则混凝土的能值转换率为 1.09×10^{15} sej/m³。该混凝土的容重为 2.35t/m³,其能值转换率亦可表示为 4.66×10^{14} sej/t。混凝土的配合比,即水泥和骨料的含量是影响混凝土能值转换率的主要因素(占 91.38%)。

表 3.12 单方混凝土的能值

项目	单位	数量	能值转换率(sej/unit)	能值流(sej)
水	m³	1.75E-01	1.60E+12	2.80E+11
水泥	t	4.38E-01	1.74E+15	7.61E+14
能耗	tce	5.00E-04	1.17E+15	5.85E+11
骨料	m³	4.92E-01	4.78E+14	2.35E+14
中砂	m³	2.01E-01	4.78E+14	9.60E+13
劳务	元	2.60E+00	5.29E+11	1.37E+12
合计				1.09E+15

3.4.5 钢铁

从 1996 年开始,我国粗钢产量一直居世界第一位,占世界粗钢总产量的比重逐年提高,由 2002 年的 20.16%,提高到 2011 年的 45.04%[134]。2012年,世界粗钢产量 1.52×10^9 t,我国大陆已达 7.16×10^8 t,占世界总产量的47.11%[135]。钢铁工业是资源能源密集型产业,是耗水和排污大户,在生产中需要消耗大量能源并排放大量污染物,其耗水量约占全国工业水耗的 14%,排放污水量约占工业总排放的 12%[136]。本研究从钢铁生产过程的能源、铁矿石等消耗,排放的废气如二氧化硫(SO_2)、氮氧化物(NO_x)以及烟粉尘、废水和废渣等方面来计算钢铁工业的能值转换率。

1. 数据来源

我国钢铁工业资源与生态效率数据见表 3.13。其中,粗钢产量数据来自

《中国统计年鉴 2012》[137]，铁矿石消费量 2000～2005 年数据来自文献 [138]，2006～2010 年数据来自《中国统计年鉴 2012》并将进口矿石按品位折合为国产原矿的总消费量；吨钢耗水、吨钢外排废水以及 2004～2006 年吨钢综合能耗为重点企业的统计数据[139]；2000～2003 年吨钢综合能耗取 73 家中大型企业的数据[140]；钢铁工业其他主要大气污染物的排放强度分别取 SO_2 为 9.66kg/t，烟尘为 4.34kg/t，粉尘为 10.40kg/t，NO_x 为 8.90kg/t[141,142]。

表 3.13　　　　　　我国钢铁工业资源与生态效率（2000～2010 年）

年份	粗钢产量 （t）	铁矿石消费量 （t）	吨钢耗铁矿石 （t/t）	吨钢耗新水 （m³/t）	吨钢外排废水 （m³/t）	吨钢综合能耗 （tce/t）
2000	1.29E+08	3.55E+08	2.76	25.24	17.16	1.008
2001	1.52E+08	4.03E+08	2.66	18.81	12.7	0.965
2002	1.82E+08	4.54E+08	2.49	15.88	10.4	0.874
2003	2.22E+08	5.57E+08	2.51	13.73	9.73	0.823
2004	2.83E+08	7.26E+08	2.57	12.27	8.41	0.761
2005	3.53E+08	9.71E+08	2.75	8.06	4.81	0.747
2006	4.19E+08	1.08E+09	2.58	6.56	4.11	0.645
2007	4.89E+08	1.09E+09	2.23	5.31	3.41	0.632
2008	5.03E+08	1.22E+09	2.43	5.09	2.71	0.630
2009	5.72E+08	1.51E+09	2.64	4.42	2.01	0.619
2010	6.37E+08	1.70E+09	2.67	4.07	1.31	0.605

2. 外排废水的能值转换率

钢铁企业外排废水中含有挥发酚、氰化物、化学需氧量（COD）、氨氮（NH_3-N）、总磷（TP）、总汞、总铬、六价铬、锌、石油类、悬浮物等环境污染物。钢铁企业外排废水的能值转换率在数值上等于单位废水的能值，即

$$\tau_w = \tau_{water} + \sum_{i=1}^{n} q_i \times \tau_i \qquad (3.15)$$

式中：τ_w 为钢铁企业外排废水的能值转换率，sej/m³；τ_{water} 为工业用水的能值转换率，1.60×10^{12} sej/m³[143]；τ_i 和 q_i 分别为钢铁企业外排废水中第 i 种环境污染物的能值转换率（sej/g）和含量（g/m³）。

假设钢铁企业外排废水都能按限值排放，根据式（3.15）和《钢铁工业水

污染物排放标准》（GB 13456—2012）外排废水中化水污染物的排放限值[143]，钢铁联合企业外排废水的能值转换率为 6.10×10^{12} sej/m³。

3. 计算结果

钢及钢材的能值转换率以 2010 年我国钢铁工业的运行数据为基础进行测算。我国钢铁工业单位产量的实物消耗量及废弃物排放量，其能值为 4.69×10^{15} sej（见表 3.14），单位钢铁产量的能值流如图 3.9 所示。

表 3.14　　　　　　　　我国单位钢铁产量的能值分析（2010 年）

项目	单位	数量	能值转换率（sej/unit）	能值（sej）
铁矿石	t	2.66	1.32E+15	3.51E+15
能耗	tce	0.61	1.17E+15	7.08E+14
耗新水	m³	4.07	1.60E+12	6.51E+12
外排废水	m³	1.31	6.10E+12	7.99E+12
排放废气—CO_2	t	1.60	2.73E+14	4.37E+14
排放废气—SO_2	kg	1.24	1.64E+12	2.03E+12
排放废气—NO_x	kg	8.9	1.64E+12	1.46E+13
排放废尘—烟尘	kg	0.28	7.16E+11	2.00E+11
排放废尘—粉尘	kg	0.6	3.90E+11	2.34E+11
合计				4.69E+15

在钢铁生产过程中，人工及其他成本占 15%[144]，则我国钢铁工业生产的能值转换率为 5.51×10^{15} sej/t。钢铁的能值转换率主要取决于单位粗钢产量的铁矿石消费量（占 63.72%），其次是人工等劳务（占 15%）及能耗（占 12.85%），外排废水、废气等环境污染物占 8.38%。

3.4.6　文化遗产

水电工程建设有时可能会淹没文物古迹，如何评价这些被淹没的文物古迹，是业界关注的问题。对文物古迹价值的定性分析很多，但如何定量计算，却鲜有报道。本研究利用能值分析理论，尝试测算出文物古迹的能值转换率，然后通过货币的能值转换率，估算出文物古迹的货币价值。

文化遗产的能值转换率（$\tau_{cul\text{-}herit}$，sej/J）等于文化遗产储存的能值（$E_{cul\text{-}herit}$，sej）与文化遗产储存的能量（$Q_{cul\text{-}herit}$，J）之比，即

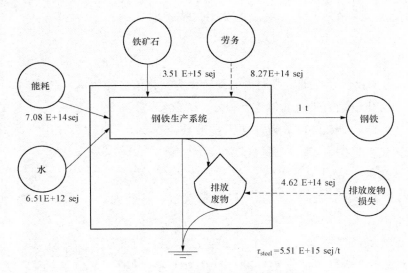

图 3.9　我国单位钢铁产量能值分析图

$$\tau_{\text{cul-herit}} = \frac{E_{\text{cul-herit}}}{Q_{\text{cul-herit}}} \qquad (3.16)$$

1. 中国文化遗产的总能值

文化遗产是人类社会信息的历史沉淀。根据能值分析理论，文化遗产所蕴含的能值来自可更新自然资源。我国文化遗产能值储存量等于每年可更新自然资源的能值进入我国社会经济系统的能值与我国文化遗产经历的年限之积，即

$$E_{\text{cul-herit}} = n \times \alpha \times EmR \qquad (3.17)$$

式中：EmR 为可更新自然资源的能值，sej/a；α 为可更新自然资源的能值进入人类社会经济系统的比例，取 10%[86]；n 为我国文化遗产经历的年限，年。

我国每年的可更新自然资源（见表 3.1）为 3.68×10^{24} sej/年，其中的 10%，即 3.68×10^{23} sej/年，进入人类社会经济系统。

我国历史文化从"五帝"的"皇帝"（公元前 26 世纪初）始，到计算基准时间（公元 2012 年）止，共计 4612 年，则我国历史文化遗产的能值储存量为 1.70×10^{27} sej。

2. 我国文化遗产的能量储存总量

文化遗产的能量储存总量等于我国文化经历的代数（G，33 年/ generation）、平均每代文化信息携带者的数量（N，人/generation）与平均每个文化

信息携带者所携带的能量（q_{man}，J/人）之积，即

$$Q_{cul\text{-}herit} = G \times N \times q_{man}$$
$$= G \times N \times (\lambda \times B_d \times \eta \times \beta) \qquad (3.18)$$

式中：λ 为文化信息携带者所储存能量转化为文化信息的比例，取 10%；B_d 为平均每个文化信息携带者的体重（55kg/人）的干重量（11kg/人）；η 为单位人体干重的能量，5kcal/g；β 为热功当量系数，1kcal＝4186J[93]。由此可得，平均每个文化信息携带者每年所携带的能量为 2.30×10^7J/人。

根据文献［146］中数据：公元前 221 年秦始皇统一时，秦朝的人口约有 3000 万；19 世纪中叶前，我国人口增长缓慢，从公元二年的 6000 万增加到 1850 年的 4.3 亿，总数仅增长了 7 倍，年平均增长率仅约 1‰；从 20 世纪 50 年代开始出现高速增长，70 年代后虽速度减缓，近年仍已突破了 13 亿大关，2012 年已达 13.7 亿；从公元前 221 年到 2012 年，年平均增长率约 1.71‰。我国近 5000 年的年平均人口约 1.1 亿人，即 N 取 1.1×10^8 人。

文化遗产是历史遗留下来的，我国文化经历了 140 代人的传递。根据式（3.18），我国文化遗产储存的能量为 3.54×10^{17}J。根据式（3.16），我国文化遗产的能值转换率为 4.80×10^9sej/J，是美国文化遗产的能值转换率（2.05×10^9sej/J[68]）的 2.34 倍。

3.4.7　水力发电

能值转换率是能值计算分析的关键参数，要运用能值分析理论对水电工程的生态效应进行统一的定量评价，首先需要测算水力发电的能值转换率。国内外应用能值分析理论对水利水电工程的社会、经济和生态环境影响进行定量分析时，水力发电的能值转换率都是引用 Odum 的研究数据[88]。该数据是根据一个具体的水电工程测算而得，不一定具有普遍意义；同时，国内外水电工程建设的投入产出有较大差异，直接用于国内水电工程生态效应分析，将产生一定的误差。

本研究在分析水电工程建设主要投入产出的基础上，根据产品的特征和属性，建立水力发电的能值转换率的计算方法；计算得到我国水力发电的能值转换率，为水电工程生态效应定量分析提供基础数据。

2014 年，全国已建成各类水库 97 735 座，水库总库容 8.394×10^{11}m³。其中，大型水库 697 座，总库容 6.617×10^{11}m³，占全部总库容的 78.83%；中型

水库 3799 座，总库容 $1.075 \times 10^{11} \mathrm{m}^{3\,[147]}$，占全部总库容的 12.81%，大中型水库的库容占全部库容的 91.64%。大中型水电工程是水力发电的主要贡献者，如 2014 年，大中型水电工程的发电量约占全部水力发电的 79.6%。这说明，水力发电的能值转换率主要受大中型水电工程的影响。大中型水电工程往往兼具水力发电、防洪、供水、改善航运等综合功能。水力发电的能值转换率等于水力发电的总的能值投入与水力发电量之比，即

$$\tau_{\text{power}} = \frac{E_{\text{power}}}{Q_{\text{power}}} = \frac{\sum_{i=1}^{l} E_{ti} + \sum_{j=1}^{m} E_{nj} - \sum_{k=1}^{h} E_{pk}}{Q_{\text{power}}} \tag{3.19}$$

式中：τ_{power} 为水力发电的能值转换率，sej/kWh；Q_{power} 为水力发电量，kWh；E_{power} 为水力发电的总的能值投入，sej；E_{ti} 为水利水电工程的第 i 项能值投入，sej，主要包括河流水资源、就业人员等可更新资源的能值，修建水利水电工程的土方、石方等不可更新资源以及投入资金的能值；E_{nj} 为水利水电工程的第 j 项负效应产出的能值，sej，主要包括水库淹没、水库移民、泥沙淤积等的能值；E_{pk} 为水利水电工程除水电外其他第 k 项正效应产出的能值，sej，主要包括供水、水库航运、水库养殖、减灾效益等的能值。

我国水利水电工程合理使用年限按工程等别和工程类别确定。根据《水利水电工程合理使用年限及耐久性设计规范》（SL 654—2014），以发电为主的 I 等和 II 等工程的合理使用年限为 100 年，III 等为 50 年，IV 等和 V 等为 30 年。由于水力发电的能值转换率主要受大中型水电工程的影响，计算时，水利水电工程的合理使用年限取 50 年。

根据 2003~2014 的《全国水利发展统计公报》[148]、《中国水资源公报》[107]、《中国水旱灾害公报》[149]、《中国河流泥沙公报》[150] 和《中国统计年鉴》[151]，可得我国水利水电工程建设的主要投入产出，见表 3.15。对于某个具体的水电工程，其投入产出都是该工程自己的，该水电工程的水力发电的能值转换率可以直接利用式（3.19）计算。若以我国所有的水电工程为研究对象，计算我国水电工程某一年水力发电的能值转换率，需要对相关数据进行处理。

1. 主要投入

由于目前的产出是由于历史累计投入形成的，需要对计算年度的投入数据进行处理。新建水电工程，将形成新增库容。水利水电工程的平均建设期约为

5 年，假设每年的投入是均衡的，则 5 年内的投入之和，即某一年投入的 5 倍，可视为新增库容所需要的投入。每 5 年新增库容的占比（γ）为

$$\gamma = \frac{1}{n} \sum_{i=1}^{n} \frac{c_{i+5} - c_i}{c_i} \tag{3.20}$$

式中：C_i 为第 i 年的库容，m^3；C_{i+5} 为第 $i+5$ 年的库容，m^3。

根据有统计数据的 2003～2014 年（见表 3.15），计算得到 $\gamma=0.191$。其含义是，某一年投入的 5 倍，可以形成该年 0.191 倍的库容对应的效应。

（1）就业人员。某年水电工程建设就业人员的能值可用下式计算，即

$$E_{\mathrm{tp}}^r = \beta \times \tau_{\mathrm{p}} \times Q_{\mathrm{p}}^r \tag{3.21}$$

式中：E_{tp}^r 为第 r 年水电工程建设的投入就业人员的能值，sej；β 为调整系数，取 26.178（即 5/0.191）；τ_{p} 为就业人员的能值转换率，sej/人；Q_{p}^r 为第 r 年水电工程建设的就业人员数量，人。

（2）土方、石方及投资。水电工程建设投入的土方、石方及投资，可供其合理使用年限内使用，其能值可用下式计算，即

$$E_{\mathrm{t}}^r = \frac{1}{L} \beta \sum_{i=1}^{3} (\tau_i \times Q_i^r) \tag{3.22}$$

式中：E_{t}^r 为第 r 年水电工程建设投入的土方、石方和投资的能值之和，sej；L 为水电工程合理使用年限，取 50 年；τ_1、τ_2、τ_3 分别为土方、石方和货币的能值转换率，sej/unit；Q_1^r、Q_2^r、Q_3^r 分别为第 r 年水电工程建设土方、石方和投资投入的数量，unit。

（3）河水。提高技术可开发水能资源利用率，可提高河流径流利用量。水利水电工程利用的河流径流量等于水能资源利用率与河流的平均径流量之积，其能值等于利用的河流径流量与河水的能值转换率之积，即

$$E_{\mathrm{tw}}^r = \tau_{\mathrm{w}} \times \beta^r \times R_{\mathrm{w}}^r \tag{3.23}$$

式中：E_{tw}^r 为第 r 年水电工程利用的河流径流量的能值，sej；τ_{w} 为河水的能值转换率，$\mathrm{sej/m}^3$；β^r 为第 r 年水电工程技术可开发水能资源利用率，%；R_{w}^r 为第 r 年水电工程利用的河流径流量，m^3。

2. 主要产出

每年的水力发电量、供水量、货物周转量、旅客周转量、水产品产量等数据可以从官方统计数据得到（见表 3.17）。有关移民、泥沙淤积、减灾效益等需要进行分析处理。

表 3.15　　　　　　　　　　我国水利水电工程建设的投入产出(2003～2014 年)

项目	单位	2003 年	2004 年	2005 年	2006 年	2007 年	2008 年	2009 年	2010 年	2011 年	2012 年	2013 年	2014 年
GDP	元	1.37E+13	1.61E+13	1.87E+13	2.22E+13	2.66E+13	3.15E+13	3.46E+13	3.94E+13	4.73E+13	5.19E+13	5.69E+13	6.37E+13
水库总数	座	8.52E+04	8.52E+04	8.51E+04	8.52E+04	8.54E+04	8.64E+04	8.72E+04	8.79E+04	8.86E+04	9.75E+04	9.77E+04	9.77E+04
大型水库	座	453	460	470	482	493	529	544	552	567	683	687	697
总库容	m³	5.66E+11	5.54E+11	5.62E+11	5.84E+11	6.35E+11	6.92E+11	7.06E+11	7.16E+11	7.20E+11	8.26E+11	8.30E+11	8.39E+11
大型水库	m³	4.28E+11	4.15E+11	4.20E+11	4.38E+11	4.84E+11	5.39E+11	5.51E+11	5.59E+11	5.60E+11	6.49E+11	6.53E+11	6.62E+11
年末装机容量	kW	1.08E+08	1.08E+08	1.17E+08	1.28E+08	1.45E+08	1.71E+08	1.97E+08	2.12E+08	2.30E+08	2.49E+08	2.80E+08	3.02E+08
开发程度	%	39.05	20.02	21.58	23.79	26.89	31.65	36.46	39.18	42.61	46.07	51.91	55.89
全年发电量	kWh	2.81E+11	3.28E+11	3.54E+11	4.16E+11	4.87E+11	5.61E+11	5.06E+11	6.81E+11	6.51E+11	8.66E+11	9.30E+11	1.07E+12
农村小水电	kWh	1.10E+11	1.11E+11	1.36E+11	1.36E+11	1.44E+11	1.63E+11	1.57E+11	2.04E+11	1.76E+11	2.17E+11	2.23E+11	2.28E+11
农村小水电占比	%	39.14	33.87	38.30	32.69	29.51	29.00	31.00	30.00	27.00	25.10	24.00	21.40
水资源总量	m³	2.75E+12	2.41E+12	2.81E+12	2.53E+12	2.53E+12	2.74E+12	2.42E+12	3.09E+12	2.33E+12	2.95E+12	2.80E+12	2.73E+12
供水	m³	5.32E+11	5.55E+11	5.57E+11	5.79E+11	5.82E+11	5.83E+11	5.93E+11	6.00E+11	6.11E+11	6.13E+11	6.18E+11	6.10E+11
农业用水	m³	3.43E+11	3.68E+11	3.26E+11	3.66E+11	3.60E+11	3.62E+11	3.69E+11	3.71E+11	3.74E+11	3.90E+11	3.92E+11	3.87E+11
工业用水	m³	1.18E+11	1.32E+11	1.76E+11	1.34E+11	1.40E+11	1.38E+11	1.39E+11	1.41E+11	1.46E+11	1.38E+11	1.41E+11	1.36E+11
生活用水	m³	6.31E+10	4.61E+10	4.74E+10	6.95E+10	7.11E+10	7.27E+10	7.50E+10	7.73E+10	7.90E+10	7.40E+10	7.50E+10	7.67E+10
生态环境补水	m³	7.90E+09	8.20E+09	7.80E+09	9.30E+09	1.05E+10	1.04E+10	1.08E+10	1.11E+10	1.12E+10	1.08E+10	1.05E+10	1.03E+10
水库移民	人		1.75E+05	3.12E+05	1.37E+05	2.06E+05	1.52E+05	2.39E+05	8.10E+04	1.00E+05	5.00E+04	1.17E+05	1.41E+05
在岗职工人数	人	1.23E+06	1.18E+06	1.11E+06	1.09E+06	1.07E+06	1.06E+06	1.04E+06	1.07E+06	1.02E+06	1.03E+06	1.01E+06	9.71E+05
投资	元		7.84E+10	7.47E+10	7.94E+10	9.45E+10	1.09E+11	1.89E+11	2.32E+11	3.09E+11	3.96E+11	3.76E+11	4.08E+11

续表

项目	单位	2003年	2004年	2005年	2006年	2007年	2008年	2009年	2010年	2011年	2012年	2013年	2014年
土方	m^3	9.41E+08	1.32E+09	1.39E+09	2.02E+09	1.41E+09	1.71E+09	2.08E+09	2.26E+09	2.92E+09	3.44E+09	3.60E+09	3.09E+09
石方	m^3	1.46E+08	2.41E+08	2.07E+08	3.98E+08	2.20E+08	2.70E+08	2.70E+08	3.10E+08	2.70E+08	4.70E+08	5.40E+08	5.90E+08
混凝土	m^3	2.70E+07	2.50E+07	2.20E+07	2.00E+07	2.00E+07	3.00E+07	5.00E+07	5.00E+07	6.00E+07	7.00E+07	7.00E+07	7.00E+07
主要河流年输沙量	t	8.67E+08	4.88E+08	6.47E+08	4.27E+08	4.29E+08	3.27E+08	2.67E+08	5.12E+08	2.57E+08	4.27E+08	4.87E+08	2.33E+08
多年平均输沙量	t	1.77E+09	1.77E+09	1.69E+09	1.69E+09	1.69E+09	1.69E+09	1.69E+09	1.60E+09	1.60E+09	1.60E+09	1.60E+09	1.60E+09
泥沙淤积	t	6.70E+08	9.50E+08	7.72E+08	9.35E+08	9.33E+08	1.01E+09	1.05E+09	8.05E+08	9.94E+08	8.68E+08	8.24E+08	1.01E+09
主要河流年径流量	m^3	1.36E+12	1.13E+12	1.39E+12	1.17E+12	1.16E+12	1.32E+12	1.14E+12	1.54E+12	9.86E+11	1.49E+12	1.30E+12	1.39E+12
河水利用量	m^3	2.59E+11	2.27E+11	2.99E+11	2.78E+11	3.11E+11	4.18E+11	4.16E+11	6.05E+11	4.20E+11	6.88E+11	6.77E+11	7.79E+11
水旱灾害直接损失	元	1.66E+11	9.20E+10	2.14E+11	2.40E+11	2.21E+11	1.48E+11	1.08E+11	5.16E+11	2.37E+11	3.22E+11	4.38E+11	2.48E+11
水旱灾害死亡人数	人	1551	1282	1660	2276	1230	663	538	3222	519	673	775	486
水利设施用地	m^2	3.57E+10	3.59E+10	3.60E+10	3.62E+10	3.63E+10	3.67E+10	3.67E+10	3.67E+10	3.67E+10	3.78E+10	3.78E+10	3.80E+10
货物周转量	t·km	6.41E+11	9.17E+11	1.11E+12	1.29E+12	1.56E+12	1.74E+12	1.80E+12	2.24E+12	2.61E+12	2.83E+12	3.07E+12	3.68E+12
旅客周转量	人·km	6.31E+09	6.63E+09	6.78E+09	7.36E+09	7.78E+09	5.92E+09	6.94E+09	7.23E+09	7.45E+09	7.75E+09	6.83E+09	7.43E+09
水产品	t	1.74E+07	1.84E+07	1.95E+07	2.07E+07	2.20E+07	2.30E+07	2.44E+07	2.58E+07	2.90E+07	2.87E+07	3.03E+07	3.17E+07

(1) 移民。水电工程建设一般都需要移民。水库移民对社会的影响将持续一代人时间（30 年），移民房屋安置面积按人均 30m² 计。水库移民的能值可按下式计算，即

$$E_{em} = \frac{1}{r} \times (\tau_{em} \times 30 \times Q_{em} + \tau_n \times Q_h) \tag{3.24}$$

式中：τ_{em} 为移民对社会影响的能值转换率，sej/（人·年）；τ_h 为移民安置房屋的能值转换率，sej/m²；Q_{em} 为移民数量，人；Q_h 为移民安置房屋的面积，m²。

(2) 泥沙淤积。建库、水土保持、泥沙控制工程等水利水电工程建设均会引起河流输沙量的减少，但是建库的影响最大[152]。根据文献 [153] 的研究，2003 年 6 月～2010 年 12 月，三峡入库悬移质泥沙 15.801 亿 t，出库悬移质泥沙 4.118 亿 t，水库淤积泥沙 11.683 亿 t。三峡大坝的建设，影响了河流 73.94% 的输沙量。本研究以主要河流的多年平均输沙量（S_m）与计算期的输沙量（S_i）之差，再乘以建库对输沙量的影响因子 β（可取 0.7394），表示因水利水电工程建设而淤积的河流泥沙量。其能值（E_s）等于泥沙淤积量乘以其能值转换率（τ_s），即

$$E_s = \tau_s \times \beta \times (S_m - S_l) \tag{3.25}$$

(3) 减少水旱灾害人员死亡。水电工程建设能减少因水旱灾害的人员死亡，属于正效应产出。由于无法直接计算在没有水电工程的情况下，因水旱灾害死亡的人数，此项正效应产出不能直接计算。本研究将因水旱灾害死亡人数（D_m）列入负效应产出，从反面计算，即因水旱灾害死亡人数越少，此项负效应产出越少，从反面说明其正效应产出越大；反之，其正效应产出越小。其能值（E_d）等于因灾死亡人员数量乘以其能值转换率（τ_d），即

$$E_d = \tau_d \times D_m \tag{3.26}$$

(4) 减灾效益。水电工程建设能减少水旱灾害造成的损失，属于正效应产出。与水电工程建设能减少水旱灾害人员死亡类似，无法直接计算在没有水电工程的情况下，因水旱灾害造成的直接经济损失，不能直接计算此项正效应产出。本研究将因水旱灾害造成的直接经济损失（L_b）列入负效应产出，从反面计算，即因水旱灾害造成的直接经济损失越少，此项负效应产出越少，从反面说明其正效应产出越大；反之，其正效应产出越小。其能值（E_b）等于减灾效益乘以货币的能值转换率（τ_b），即

$$E_b = \tau_b \times L_b \tag{3.27}$$

3. 结果分析

(1) 根据前文的分析，可计算得到我国水力发电的能值转换率，见表 3.16。表中，移民对社会影响的能值转换率来自文献 [98]，其余来自本研究。2014 年，我国水电工程的能值总投入为 2.04×10^{24} sej，除水力发电外的正效应产出的能值为 1.65×10^{24} sej，负效应产出的能值为 2.20×10^{23} sej，水力发电的能值转换率为 5.69×10^{11} sej/kWh，即 1.58×10^{5} sej/J（见图 3.10）。

表 3.16　　　　　　我国水力发电的能值转换率计算表（2014 年）

项目	单位	能值转换率（sej/unit）	数量	能值（sej）
投入				**2.04E＋24**
河水	m³	3.43E＋11	7.79E＋11	2.67E＋23
就业人员	人·年	4.71E＋15	2.54E＋07	1.20E＋23
投资	元	5.29E＋11	2.14E＋11	1.13E＋23
土方	m³	1.92E＋14	1.62E＋09	3.11E＋23
石方	m³	4.23E＋14	3.09E＋08	1.31E＋23
水库淹没及水利设施用地	m²	2.88E＋13	3.80E＋10	1.09E＋24
正效应产出（除水力发电外）				**1.65E＋24**
农业用水	m³	8.80E＋11	3.87E＋11	3.40E＋23
工业用水	m³	1.60E＋12	1.36E＋11	2.17E＋23
生活用水	m³	2.32E＋12	7.67E＋10	1.78E＋23
生态环境补水	m³	3.43E＋11	1.03E＋10	3.53E＋21
货物周转量	t·km	1.88E＋11	3.68E＋12	6.93E＋23
旅客周转量	人·km	7.53E＋11	7.43E＋09	5.60E＋21
水产品	t	6.70E＋15	3.17E＋07	2.12E＋23
负效应产出				**2.20E＋23**
泥沙淤积	t	1.42E＋13	1.01E＋09	1.44E＋22
移民对社会影响	人·年	1.66E＋16	4.23E＋06	7.02E＋22
移民安置房屋	m²	5.26E＋14	4.23E＋06	2.22E＋21
直接经济损失	元	5.29E＋11	2.48E＋11	1.31E＋23
因水旱灾害死亡人数	人	4.08E＋18	4.86E＋02	1.98E＋21

能值投入中，最多的是水库淹没及水利设施占用的土地，占 53.76%；其次是土石方等不可更新资源的投入，占 21.68%；再次是对河水的开发利用，占 13.12%。这说明，影响我国水力发电能值转换率的主要因素水库淹没及水利设施占用的土地，以及土石方等不可更新资源的投入。在除水力发电外的其他正效应产出中，贡献最大的是水利水电工程对工业、农业、生活供水，占 44.59%；其次是提高货运周转量，占 42.0%。从水利水电工程负效应产出来看，科学管理、合理调度，减少水旱灾害造成的损失；科学规划、生态移民，减小移民对社会的影响，是减小水力发电能值转换率的两个重要途径。对河流的水电开发进行科学的规划、减少水库淹没，优选坝址、优化坝型是减小水力发电的能值转换率的另两个有效途径。

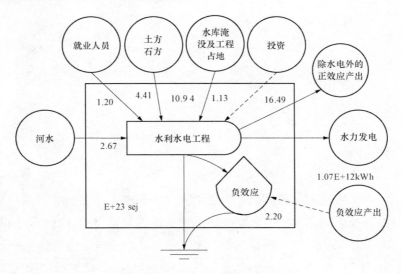

图 3.10 我国水利水电工程能值分析图（2014 年）

（2）我国水力发电的能值转换率由 2003 年的 2.41×10^{12} sej/kWh 减小到 2014 年的 5.69×10^{11} sej/kWh（见图 3.11），即由 2003 年的 6.71×10^{5} sej/J 减小到 2014 年的 1.58×10^{5} sej/J。其中，2003～2008 年，减小的幅度较大，年均减小 13.5%；2008～2014 年，减小的幅度相对较小，年均减小 7.91%，且部分年份还有增大的趋势，如 2009 年；但总体呈减小趋势，并于 2011 年后逐步趋于稳定。这说明，我国水电工程建设的效率呈提高趋势，水电开发对社会、经济和生态环境的影响逐步趋于稳定。

（3）我国 2014 年水力发电的能值转换率，与美国水力发电的能值转换率（1.59×10^5 sej/J）相当[86]，低于热电厂输出的电力的能值转换率（1.70×10^5 sej/J），但高于利用太阳能发电技术输出的电力的能值转换率（8.92×10^4 sej/J）[106]。这说明，对于同一产品，生产和管理水平不同的国家，其能值转换率可能不同；对于同一产品，不同的生产方式，其能值转换率也可能不同。

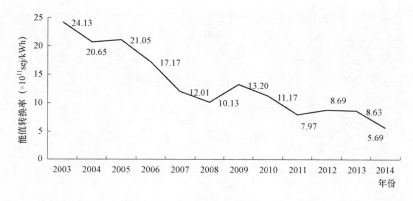

图 3.11　我国水力发电的能值转换率变化趋势

4. 讨论与结论

水力发电是通过水电工程建设来实现的。大中型水电工程是水力发电的主要贡献者，水力发电的能值转换率主要受大中型水电工程的影响。同时，大中型水电工程往往兼具水力发电、防洪、供水、改善航运等综合功能。因此，准确核算大中型水电工程建设的投入和产出，是计算水力发电能值转换率的基础性工作，该项工作的质量将影响水力发电能值转换率计算结果的准确性。

大中型水电工程建设对社会、经济和生态环境等方面均有影响。投入方面的数据、有关经济方面的产出的数据相对容易获得，而有关水电工程建设对社会和生态环境影响的数据的获得，是计算水力发电能值转换率的难点。对于不易直接测算的数据，本研究提出一种从反面测算的思路，如把因水旱灾害造成的直接经济损失列入负效应产出，从反面计算水电工程的减灾效益。

在核算水电工程建设的正负效应产出数据时，只考虑产出的直接影响结果，不考虑产出的次生影响。如供水，只考虑不同类别（农业、工业、生活或者是生态供水）供水量的能值，不考虑供水后所产生的其他效益的能值。

因自然生态系统已经到达很高的自组织化程度，故来自于自然界的产品和服务，如太阳光、雨水、土壤，具有稳定的能值转换率[68]。而对于利用自然资源经加工而得到的工业产品的能值转换率，会因为所选择的原材料、生产方式、途径和效率的不同而变化[154]，正如本研究研究得到水力发电的能值转换率。但当生产该产品的工艺和管理水平相对稳定时，该产品的能值转换率也将趋于稳定。

本研究得到的水力发电的能值转换率，是以我国所有水电工程为研究对象计算得到的，反映的是我国水电工程建设的整体情况。本方法也可以计算不同具体水电工程的水力发电的能值转换率。在以具体水电工程为研究对象时，要注意合理确定系统边界。特别是河流存在梯级开发时，科学、合理确定哪些社会、经济和生态环境影响是这个具体水电工程建设的，将对这个具体水电工程的水力发电的能值转换率有较大的影响，这是今后研究的一个重要方向。

我国水力发电的能值转换率呈减小趋势，由 2003 年的 2.41×10^{12} sej/kWh 减小到 2014 年的 5.69×10^{11} sej/kWh，但于 2011 年后逐步趋于稳定。这说明利用自然资源经加工而得到的工业产品的能值转换率是变化的，但当生产该产品的工艺和管理水平相对稳定时，该产品的能值转换率也将趋于稳定。

影响中国水力发电能值转换率的主要因素水库淹没及水利设施占用的土地，以及土石方等不可更新资源的投入。合理调度，减少水旱灾害造成的损失；生态移民，减小移民对社会的影响；科学规划，减少水库淹没；优化工程设计和施工，减小工程实物的消耗，是减小水力发电的能值转换率的四个有效途径。

3.4.8 其他

1. 改善航运

内河船运周转量的能值转换率为 1.17×10^{11} sej/(t·mile)[103]，即 1.88×10^{11} sej/(t·km)。内陆客运的平均单价为 0.24 元/(人·km)，货运的平均单价为 0.06 元/(t·km)[155]，即客运单价是货运单价的 4 倍。则根据式（3.4），内河客运周转量的能值转换率为 7.53×10^{11} sej/(人·km)。

2. 淹没房屋

库区被淹没房屋多为普通低层或多层砖混结构住宅。计算淹没房屋的消耗的能值转换率，首先需要计算砖的能值转换率。据统计，我国有砖瓦企业 12

万家，占地 $4.0 \times 10^5 \, hm^2$，每年生产约 6.0×10^{11} 块标砖（尺寸为 240mm× 115mm×53mm，即 $1m^3$ 标准砖有 524 块），取土 $1.43 \times 10^9 \, m^3$，其生产每年消耗约 $6.0 \times 10^7 \, tce$[156]，则我国单方砖的消耗黏土 $0.8 m^3$、能耗 52.4kgce，其能值为 $2.15 \times 10^{14} \, sej$。据估算，砖的成本中，人工及其他约占总成本的 30%。则我国砖的能值转换率为 $3.07 \times 10^{14} \, sej/m^3$。

本研究以修建普通多层住宅的消耗为例，对普通多层住宅消耗的能值转换率进行计算。修建 $1m^2$ 多层砖混民用建筑的主要工料消耗为[157]：水泥 122.4kg、钢筋 16.8kg、砖 $0.33 m^3$、碎石 $0.14 m^3$ 以及 3 个人·天。修建 $1m^2$ 多层砖混民用建筑所需的能值为 $5.26 \times 10^{14} \, sej$，则修建多层普通房屋的消耗的能值转换率为 $5.26 \times 10^{14} \, sej/m^2$。

3. 淹没道路

库区淹没道路多为四级公路及农村公路。根据《公路工程技术标准》 (JTG B01—2003)[158]，四级公路路基宽度为 4.5m，行车道宽 3.5m。本研究以修建四级公路和农村公路的平均消耗为例，对修建道路的消耗的能值转换率进行计算，则修建 1km 这样的库区淹没道路平均使用水泥 18.5t、土方 $450 m^3$、石方 $175 m^3$、柴油 0.15t、水 $150 m^3$ 以及 120 个人·天。修建 1km 四级公路须投入的总的能值为 $1.95 \times 10^{17} \, sej$。该段公路共计 $4500 m^2$，则修建四级公路的消耗的能值转换率为 $4.33 \times 10^{13} \, sej/m^2$。

3.5　本　章　回　顾

本研究从水电工程建设的投入，以及水电工程建设对社会、经济和生态环境的正负效应产出角度，建立水电工程建设主要投入产出的能值转换率构成体系；在此基础上，根据能值分析理论基本原理，提出了水力发电的能值转换率计算方法。该方法可以计算一个国家所有水电工程的水力发电的能值转换率，也可以计算某个具体水电工程的水力发电的能值转换率。计算得到水力发电的能值转换率，可为水电工程生态效应定量分析提供基础数据。整理得到水电工程环境影响定量评价主要影响因子的能值转换率，结合前文建立的能值足迹模型，可以对水电工程建设对社会、经济、生态环境的影响进行统一的定量评价。

本研究研究得到 51 项水电工程建设主要投入产出的能值转换率（见表 3.17）。其中，水力发电、河水、土方、石方、货币、就业人员、水库淹没等 35 项资源的能值转换率是本研究计算而得（见表 3.17 中加 * 的项目），河水化学能、河水势能、生物多样性、移民对社会的影响等 16 项资源的能值转换率由本研究整理而得。另外，水库移民补偿、运行及维护费用、减少经济损失、减少生态系统服务价值以及库区旅游收入等 5 项的能值转换率可以用货币的能值转换率表示，生态用水的能值转换率取河水的能值转换率之值。

表 3.17　　　　　水电工程环境影响评价的主要能值转换率　　　　sej/unit

序号	项目	单位	能值转换率	文献编号	备注
1	河水化学能	J	8.10E+04	[102]	自然资源
2	河水势能	J	4.70E+04	[102]	
3	河水	m³	3.43E+11	*	
4	土方	m³	1.92E+14	*	
5	石方	m³	4.23E+14	*	
6	土地（15cm 耕作层）	m²	2.88E+13	*	
7	耕地	m²	1.94E+14	*	
8	园林地	m²	3.67E+13	*	
9	牧草地	m²	4.14E+13	*	
10	就业人员	人·年	4.71E+15	*	产品
11	货币（2010 年）	元	5.29E+11	*	
12	水泥	t	1.74E+15	*	
13	骨料	m³	4.78E+14	*	
14	混凝土	m³	1.09E+15	*	
15	钢筋	t	5.51E+15	*	
16	施工人员消耗	人·天	1.45E+13	*	
17	金属结构设备	t	6.70E+15	[100]	
18	柴油	t	3.63E+15	[104]	
19	电力	kWh	5.72E+11	[86]	
20	影响生物多样性	species	2.10E+25	[85]	负效应产出
21	减少生态服务价值	元	5.29E+11	*	

续表

序号	项目	单位	能值转换率	文献编号	备注
22	移民补偿	元	5.29E+11	*	
23	淹没公路（四级）	m²	4.33E+13	*	
24	淹没房屋	m²	5.26E+14	*	
25	淹没文物	J	4.80E+09	*	
26	施工废水（一级排放）	m³	7.11E+12	*	
27	施工废水（二级排放）	m³	1.07E+13	*	
28	施工废水（三级排放）	m³	2.59E+13	*	
29	Ⅰ类水库水质	m³	3.78E+11	*	
30	水质变差—Ⅱ类	m³	5.33E+11	*	
31	水质变差—Ⅲ类	m³	6.42E+11	*	
32	水质变差—Ⅳ类	m³	9.06E+11	*	
33	水质变差—Ⅴ类	m³	1.18E+12	*	
34	运行及维护费用	元	5.29E+11	*	
35	库区旅游消耗	人·天	6.58E+12	*	
36	施工能耗	tce	1.17E+15	[88]	
37	移民对社会的影响	人·年	1.66E+16	[98]	
38	泥沙淤积	t	1.42E+13	[100]	
39	水力发电	kWh	5.37E+11	*	正效应产出
40	减少经济损失	元	5.29E+11	*	
41	减少人员死亡	人	4.08E+18	*	
42	作物增产（谷物）	t	1.25E+15	[88]	
43	作物增产（木材）	m³	3.32E+14	[88]	
44	生活用水	m³	2.32E+12	[143]	
45	工业用水	m³	1.60E+12	[143]	
46	生态用水	m³	3.43E+11	*	
47	水库养殖	t	6.70E+15	[88]	
48	货运周转量	t·km	1.88E+11	[103]	
49	客运周转量	人·km	7.53E+11	*	
50	库区旅游收入	元	5.29E+11	*	

能值分析理论中，能值转换率的基本单位是太阳能值焦耳每焦耳（sej/J），也有 sej/kWh、sej/m³ 等其他实用单位。为便于应用，本研究将常用的能值转换率由基本单位换算成实用单位，见表 3.18。

表 3.18 **常用能值转换率换算表**

序号	项目	单位	能量（J/unit）	能值转换率		文献编号
				（sej/J）	（sej/unit）	
1	电力	kWh	3.60E+6	1.59E+05	5.72 E+11	[86]
2	柴油	t	5.78E+10	4.79E+04	3.63E+15	[104]
3	石灰石	t	6.11E+08	1.62E+06	9.89E+14	[159]
4	谷物	t	1.51E+10	8.30E+04	1.25E+15	[88]
5	豆类	t	1.51E+10	6.90E+05	1.04E+16	
6	薯类	t	1.51E+10	2.70E+03	4.07E+13	
7	油料	t	1.51E+10	1.30E+06	1.96E+16	
8	小麦	t	1.47E+10	6.80E+04	9.97E+14	
9	水果	t	1.51E+10	5.30E+04	7.99E+14	
10	肉类	t	1.67E+10	1.70E+06	2.85E+16	
11	水产品	t	3.01E+09	2.00E+06	6.03E+15	
12	木材	m³	7.54E+09	4.40E+04	3.32E+14	
13	橡胶	t	7.54E+09	1.60E+05	1.21E+15	
14	原煤	t	2.09E+10	4.00E+04	8.36E+14	
15	原油	t	4.19E+09	5.40E+04	2.26E+14	
16	天然气	m³	3.89E+07	4.80E+04	1.87E+12	
17	植物油	t	3.89E+10	1.30E+06	5.06E+16	
18	蔬菜	t	1.47E+10	2.70E+04	3.96E+14	
19	能耗	tce	2.93E+10	4.00E+04	1.17E+15	

应 用 研 究

　　本章根据构建的水电工程能值足迹模型和各影响因素的能值转换率的研究成果，就水电工程建设和运行对环境的影响进行应用研究。所选取的工程包括拟建的 LP 水电工程和已建的 DJ 水电工程以及三峡工程，旨在通过这些工程的应用研究，进一步说明本文提出的模型的使用方法和其适用性，并通过这些应用的分析，对水电工程的建设和运行，提出增加承载力供给和减小足迹占用的对策建议。

4.1　在环境影响预评价中的应用

4.1.1　工程概况

　　LP 水电站位于云南省西北部，坝址控制流域面积 21.84 万 km²，坝址多年平均流量 1410m³/s，坝址高程为 1800m，正常蓄水位 2010m，坝高 276m，总库容 386 亿 m³，新增库容占总库容的比例为 0.95，水库总面积 373km²。该工程共 6 台机组，装机容量 4200MW；建成后的主要效益及运行成本见表 4.1，工程建设的相关投入见表 4.2。

表 4.1　　　　　　　　LP 工程的每年主要效益及运行成本

项目	单位	数量	备注
水力发电	kWh	1.77E+10	每年增加下游梯级发电量 250 亿 kWh
农业灌溉	m³	1.18E+09	水库供水
生活用水	m³	3.93E+08	
工业用水	m³	8.84E+08	
防洪效益	元	2.00E+09	
库区旅游消耗	人·天	3.65E+05	每年库区旅游收入 4.38×10⁷元
水库养殖	t	2.00E+05	
泥沙淤积	t	4.30E+07	

续表

项目	单位	数量	备注
运行成本	元	4.50 E+07	
资金	元	5.20E+10	2010 年静态投资
移民补偿	元	8.64E+09	移民 10.8 万人

表 4.2   **LP 水电工程建设的主要投入**

项目	单位	数量	备注
移民房屋安置	m²	3.67E+06	34m²/人
覆盖层开挖	m³	4.39E+06	主要为Ⅱ类土，1.34t/m³
石方开挖	m³	1.13 E+07	主要为次坚石，2.35t/m³
浇筑混凝土	m³	6.18 E+06	混凝土的容重取 2.45t/m³
钢筋钢材	t	3.09 E+05	
金属结构	t	9.31 E+05	
柴油	t	7.48 E+05	施工机械消耗
电力	kWh	3.74 E+08	
施工人员	人·天	2.37 E+08	年平均施工人员 6482 人
淹没土地	m²	2.52 E+08	水库淹没及工程占用，平均耕作层厚 15cm
淹没公路	m²	3.34 E+06	主要为四级及农村公路，416.9 km

4.1.2 新增可更新资源能值

根据径流的化学能及势能的能值计算公式［式（2.2）及式（2.4）］、新增库容的化学能及势能的能值计算公式［式（2.8）及式（2.9）］，可以得到该水电工程一年的可更新资源能值（见表 4.3）。建坝前，水电工程坝址所在河段的多年平均径流量的化学能和势能的能值之和为 5.47×10^{22} sej；随着大坝的蓄水，水库库容逐步增加，达到正常蓄水位时，新增库容 3.09×10^{10} m³，新增可更新自然资源能值 4.86×10^{22} sej，水电工程所控制流域的可更新自然能源资源总的能值达 1.03×10^{23} sej，这使该水电工程所控制流域的可更新自然资总源能值增加了 89%。该水电工程的建设，将有利于提高区域的承载力，有利于促进区域的社会经济发展。

水电工程是在一定时间内建设的，随着大坝的蓄水，水库库容逐步增加，水电工程所控制流域的可更新自然能源资源总的能值也逐渐增加；当达到正常蓄水位时，达到最大值，即第一台机组发电前的流域能值密度 $P_1 = 2.50 \times 10^{15}\,\text{sej/hm}^2$，发电后的流域能值密度 $P_2 = 4.73 \times 10^{15}\,\text{sej/hm}^2$。该水电工程的建设增加了流域的能值密度。

表 4.3　　　　　　　　　水电工程一年的可更新资源能值

可更新能源	单位	原始数据	能值转换率（sej/J）	太阳能值（sej）
多年平均径流量的化学能	J	2.20E+17	8.10E+04	1.78E+22
多年平均径流量的势能	J	7.84E+17	4.70E+04	3.69E+22
新增库容的化学能	J	1.81E+17	8.10E+04	1.47E+22
新增库容的势能	J	7.22E+17	4.70E+04	3.39E+22
合计				1.03E+23

4.1.3　生态正效应

该水电工程装机容量 420 万 kW（6×70 万 kW），第一批机组（2 台）从第九年开始发电，以后平均每年增加 2 台机组发电，到第十一年，全部 6 台机组投入运营，即第九年末发电量为 $5.90 \times 10^9\,\text{kWh}$，第十年发电 1.18×10^{10} kWh，累计发电 1.77×10^{10} kWh。第九年和第十年水力发电的承载力供给分别为 $7.13 \times 10^5\,\text{hm}^2$ 和 $1.43 \times 10^6\,\text{hm}^2$，见表 4.4。加上水库供水、水库养殖等其他正效应产出的承载力供给（$1.23 \times 10^6\,\text{hm}^2$，见表 4.5），第九年和第十年的承载力供给分别为 $1.94 \times 10^6\,\text{hm}^2$ 和 $2.66 \times 10^6\,\text{hm}^2$。

表 4.4　　　　　试运行期（第九、第十年）水力发电的承载力供给

序号	项目	单位	第九年	第十年
1	发电量	kWh	5.90E+09	1.18E+10
2	承载力供给	hm²	7.13E+05	1.43E+06

表 4.5　正常运行期每年承载力供给账户计算结果（不考虑补偿梯级发电）

序号	项目	单位	原始数据	能值转换率（sej/unit）	太阳能值（sej）	承载力（hm²）	比例（%）
1	水力发电	kWh	1.77E+10	5.37E+11	1.01E+21	2.14E+06	63.63
2	水库供水	m³	2.46E+09		3.37E+21	7.12E+05	21.16

续表

序号	项目	单位	原始数据	能值转换率 （sej/unit）	太阳能值 （sej）	承载力 （hm²）	比例（%）
	农业灌溉	m³	1.18E+09	8.80E+11	1.04E+21	2.20E+05	6.54
	生活用水	m³	3.93E+08	2.32E+12	9.12E+20	1.93E+05	5.73
	工业用水	m³	8.84E+08	1.60E+12	1.41E+21	2.99E+05	8.89
3	水库养殖	t	2.00E+05	6.70E+15	1.34E+21	2.83E+05	8.42
4	防洪效益	元	2.00E+09	5.29E+11	1.06E+21	2.24E+05	6.64
5	旅游收入	元	4.38E+07	5.29E+11	2.32E+19	4.90E+03	0.15
6	小计				1.59E+22	3.37E+06	100.00

从第十一年开始，每台机组平均每年发电约 $2.95×10^9$ kWh，年总发电量达到 $1.77×10^{10}$ kWh，承载力供给为 $2.14×10^6$ hm²；每年总的承载力供给为 $3.37×10^6$ hm²（见表 4.5）。水力发电的贡献最大（$2.14×10^6$ hm²，占 63.63%），其次是水库供水（$7.12×10^5$ hm²，占 21.16%），库区养殖和防洪效益的贡献分别占 8.42% 和 6.64%，库区旅游收入对增强区域承载力有一定贡献，但比重很小。

若考虑本工程对下游梯级电站的补偿效应（增加梯级年发电量 $2.50×10^{10}$ kWh），该水电工程正效应产出总的能值为 $1.43×10^{22}$ sej，承载力供给 $3.03×10^6$ hm²。此时，每年总的承载力供给为 $6.40×10^6$ hm²，每年对下游梯级电站的补偿效应提供的承载力占总的承载力供给为 47.34%。本工程对下游梯级电站的补偿效应对增强区域承载力的贡献非常大。

4.1.4 生态负效应

水电工程建设的实物消耗、水库淹没、水库移民、泥沙淤积、库区旅游消耗以及运行成本构成了水电工程能值足迹占用账户。工程建设的生态负效应分建设期和运行期两个阶段进行计算分析。建设期能值足迹占用包括全部工程建设的实物消耗、水库淹没、水库移民补偿的能值足迹占用，第一台机组开始发电后（从第九年开始），才有泥沙淤积、运行成本、库区旅游消耗。

建设期投入的太阳能值为 $3.00×10^{22}$ sej，能值足迹占用为 $1.20×10^7$ hm²（见表 4.6）。能值足迹占用最大的是施工实物消耗（$7.17×10^6$ hm²，占 59.98%），其次是水库淹没（$2.96×10^6$ hm²，占 24.74%）和水库移民

$(1.83 \times 10^6 \, \text{hm}^2$，占 15.28%）。

表 4.6   **建设期能值足迹占用账户计算结果**

项目	单位	原始数据	能值转换率 （sej/unit）	太阳能值 （sej）	生态足迹占用 （hm²）	比例（%）
实物消耗				**1.79E+22**	**7.17E+06**	**59.98**
土方	m³	4.39E+06	1.92E+14	8.43E+20	3.37E+05	2.82
石方	m³	1.13E+07	4.23E+14	4.77E+21	1.91E+06	15.95
混凝土	m³	6.18E+06	1.09E+15	6.74E+21	2.69E+06	22.52
钢筋钢材	t	3.09E+05	5.51E+15	1.70E+21	6.79E+05	5.68
金属结构	t	9.31E+04	6.70E+15	6.24E+20	2.49E+05	2.08
柴油	t	7.48E+05	3.63E+15	2.72E+21	1.08E+06	9.07
电力	kWh	3.74E+08	5.72E+11	2.14E+20	8.52E+04	0.71
施工人员消耗	人·天	2.37E+07	1.45E+13	3.43E+20	1.37E+05	1.15
水库淹没				**7.40E+21**	**2.96E+06**	**24.74**
土地	m²	2.52E+08	2.88E+13	7.26E+21	2.90E+06	24.27
道路	m²	3.34E+06	4.33E+13	1.45E+20	5.78E+04	0.48
移民补偿	元	8.64E+09	5.29E+11	**4.57E+21**	**1.83E+06**	**15.28**
合计				3.00E+22	1.20E+07	100.00

　　因为坝型选择与工程材料的选择密切相关，坝址的选择与水库淹没和水库移民密切相关，所以，做好水电工程建设的设计优化，可以控制水电工程建设期的不可更新自然资源的能值投入；同时，可以通过优化施工方案、采取环境友好的大坝施工技术、提高施工效率，减少工程实物消耗量，这是减轻水电工程建设环境影响的主要途径。

　　水电工程运行期，每年生态负效应产出的太阳能值为 $6.37 \times 10^{20} \, \text{sej}$，能值足迹占用为 $1.34 \times 10^5 \, \text{hm}^2$。泥沙淤积是其主要方面（$1.29 \times 10^5 \, \text{hm}^2$，占 95.90%），运行成本和库区旅游消耗的能值足迹占用的比例不大（见表 4.7）。因此，减少运行期能值足迹占用的主要方面是解决该水电站的泥沙淤积问题。

表 4.7   **运行期能值足迹占用账户计算结果**

项目	单位	原始数据	能值转换率 （sej/unit）	太阳能值 （sej）	能值足迹占用 （hm²）	比例 （%）
泥沙淤积	t	4.30E+07	1.42E+13	6.11E+20	1.29E+05	95.90

续表

项目	单位	原始数据	能值转换率 (sej/unit)	太阳能值 (sej)	能值足迹占用 (hm²)	比例 (%)
旅游消耗	人·天	3.65E+05	6.58E+12	2.40E+18	5.08E+02	0.37
运行成本	元	4.50E+07	5.29E+11	2.38E+19	5.02E+03	3.74
合计				6.37E+20	1.34E+05	100.00

4.1.5 生态盈亏

从工程开工到第一批机组开始发电前，只有能值足迹占用。假设建设期的能值足迹占用成比例线性增加，则到第一批机组开始发电时，工程建设的主要投入已经投入，第九年末，累计能值足迹占用 $1.20 \times 10^7 \, hm^2$。第九年开始有水力发电的承载力供给，第九年和第十年分别为 $7.13 \times 10^5 \, hm^2$ 和 $1.43 \times 10^6 \, hm^2$；同时，每年有泥沙淤积等能值足迹占用 $1.34 \times 10^4 \, hm^2$。若不考虑该工程对下游梯级电站的补偿效应，工程的累计承载力供给（EC_1）、累计能值足迹占用（EF_1）和累计生态盈亏（EP_1）见表 4.8。

表 4.8　　　　不考虑对下游梯级电站的补偿效应的累计生态盈亏分析表　　　　hm²

项目	0	第九年	第十年	第十一年	第十二年	第十三年	第十四年
EC_1	0	1.94E+06	4.60E+06	7.97E+06	1.13E+07	1.47E+07	1.81E+07
EF_1	0	1.20E+07	1.21E+07	1.23E+07	1.24E+07	1.25E+07	1.27E+07
EP_1	0	−1.01E+07	−7.53E+06	−4.30E+06	−1.06E+06	2.18E+06	5.41E+06

第九年末，该水电工程达到最大的生态赤字（$1.14 \times 10^7 \, hm^2$），此后，生态赤字逐年减小。从第十一年开始，没有建设期的能值足迹占用，每年生态盈余 $3.07 \times 10^6 \, hm^2$。从第十四年开始，首次出现生态盈余（$2.07 \times 10^6 \, hm^2$）。

从第一台机组开始发电，到实现流域生态平衡，需要约 3.35 年时间，即生态补偿时间（T_c）为 3.35 年。该工程的生态冲击时间（T_i）为 12.35 年，即开工后的第 12.35 年实现控制流域的生态平衡。若该工程的寿命期为 100 年，则生态盈余时间为 87.65 年。在保证该工程的每年都按设计能力的目标运营，且没有其他生态负效应发生时，生态影响系数为 0.083。所需生态补偿时间及生态盈亏累计曲线如图 4.1 所示。

若考虑该工程对下游梯级电站的补偿效应（$3.03 \times 10^6 \, hm^2/$年），并假设对

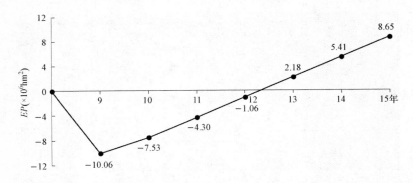

图 4.1　不考虑对下游梯级电站的补偿效应时的生态盈亏累计曲线（$\times 10^6 \text{hm}^2$）

下游的梯级电站的补偿效应从第一批机组开始发电时（第九年）开始产生。从第十一年开始，每年生态盈余 $6.27 \times 10^6 \text{hm}^2$。从第十一年开始，就出现生态盈余（$4.66 \times 10^6 \text{hm}^2$）。此时，工程的累计承载力供给（$EC_2$）、累计能值足迹占用（$EF_2$）和累计生态盈亏（$EP_2$）见表 4.9。

表 4.9　　　　　考虑对下游梯级电站的补偿效应的累计生态盈亏分析表　　　　　hm^2

项目	0	第九年	第十年	第十一年	第十二年	第十三年	第十四年
EC_2	0	4.97E+06	1.07E+07	1.69E+07	2.32E+07	2.95E+07	3.57E+07
EF_2	0	1.20E+07	1.21E+07	1.23E+07	1.24E+07	1.25E+07	1.27E+07
EP_2	0	−7.03E+06	−1.47E+06	4.66E+06	1.08E+07	1.69E+07	2.31E+07

当考虑了对下游梯级电站的补偿效应后，生态补偿时间由 3.35 年缩短到 1.22 年，缩短了 2.13 年；生态冲击时间为由 12.35 年缩减到 10.22 年；生态影响系数由 0.083 减小到 0.044，减小了 47%。所需生态补偿时间及生态盈亏累计曲线（EP_2）如图 4.2 所示。

4.1.6　结论与建议

根据上述分析，可以得到以下结论与建议[160]：

（1）能值足迹模型可用于拟建工程的环境影响预评价。在建设期，能值足迹占用为 $1.20 \times 10^7 \text{hm}^2$，工程实物消耗的能值足迹占用最大（占 59.98%），其次是水库淹没（占 24.74%）和水库移民（占 15.28%）。

因为坝型选择与工程材料的选择密切相关，坝址的选择与水库淹没和水库移民密切相关。因此，做好水电工程建设的设计优化，优选坝型和坝址，是控

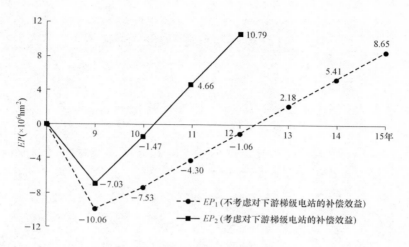

图 4.2 生态盈亏累计曲线对比（×10⁶hm²）

制和减小水电工程建设能值足迹占用的关键；同时，通过优化施工方案、采取环境友好的大坝施工技术、提高施工效率，减少工程实物消耗量，这是减轻水电工程建设环境影响的重要途径。

（2）在运行期，每年承载力供给为 $3.37×10^6\,\text{hm}^2$，水力发电的贡献最大（占 63.63%），其次是水库供水（占 21.16%），库区养殖和防洪效益的贡献分别占 8.42% 和 6.64%，库区旅游收入对增强区域承载力有一定贡献，但比重很小。运行期的能值足迹占用较小（只有承载力供给的 4%），但泥沙淤积占运营期能值足迹的 95.9%，解决该水电站的泥沙淤积问题应引起重视。正常运营后，每年生态盈余 $3.24×10^6\,\text{hm}^2$。

（3）水电工程对环境有很大的正效应，并能在较短的时间内平衡建设期和运行期内的能值足迹占用。该工程的生态补偿时间为 3.35 年，生态冲击时间为 12.35 年，即开工后的第 12.35 年实现生态平衡，生态盈余时间为 87.65 年。在保证该工程的每年都按设计能力的目标运营，且没有其他生态负效应发生时，生态影响系数为 0.083。

（4）若考虑本工程对下游梯级电站的补偿效应，每年生态盈余达 $6.27×10^6\,\text{hm}^2$。该工程的生态补偿时间缩短为 1.22 年，生态冲击时间缩短为 10.22 年，生态影响系数由 0.083 减小到 0.044，减小了 47%。该工程对下游梯级电站有非常巨大的补偿效应。

4.2 在环境影响回顾评价中的应用

4.2.1 工程概况

DJ 水电站控制流域面积 $4719km^2$，坝址高程 150m；多年平均流量 $144m^3/s$，年径流量 45.4 亿 m^3，多年平均年输沙量 101 万 t。采用混凝土双曲拱坝，坝顶高程 294m，最大坝高 157m，正常蓄水位 285m，相应库容 81.2 亿 m^3，水库面积 $160km^2$；总装机容量 50 万 kW，保证出力 12.3 万 kW，年发电量 13.2 亿 kWh。工程以发电为主，兼有防洪、航运、工业用水等综合效益，多年平均防洪效益 $1.07×10^8$ 元。1978 年 3 月开工，1986 年 8 月 2 日下闸蓄水，1992 年 7 月 13 日基本蓄满，1993 年转入正常运行。4 台机组分别于 1987 年 11 月、1988 年 7 月、1989 年 1 月和 1989 年 8 月投产发电。水库移民 53 519 人，概算总投资 $1.08×10^9$ 元。DJ 水库水体流动性较小，年平均交换系数为 0.792，即水库平均每年水的交换量是其库容的 0.792。

4.2.2 建设期的影响

建设前，DJ 水电站控制流域内每年可更新自然资源的能值为 $2.13×10^{21}sej$；建设后达 $4.03×10^{21}sej$，增加了 89%。建设前后的流域能值密度分别为 $4.51×10^{15}sej/hm^2$ 和 $8.55×10^{15}sej/hm^2$，见表 4.10。水电站的建设，能显著增加区域可更新自然资源的能值和区域的能值密度。

DJ 水电站的主体工程土石方开挖 $4.22×10^6m^3$，混凝土浇筑 $1.75×10^6m^3$，钢材 $1.0×10^5t$，消耗木材 $7.96×10^4m^3$，砂石料 $7.85×10^5m^3$，施工劳动量 $1.5×10^7$ 人·天。水库淹没耕地 $3.81×10^3hm^2$、森林 $6.55×10^3hm^2$；新建公路及机耕道 931km（约 $5.22×10^6m^2$），新修房舍 8489 座（约 $1.7×10^6m^2$）。

表 4.10   **DJ 水电站控制流域的一年可更新能源**

可更新能源	单位	原始数据	能值转换率（sej/J）	太阳能值（sej）
多年平均径流量的化学能	J	2.24E+16	8.10E+04	1.82E+21
多年平均径流量的势能	J	6.67E+15	4.70E+04	3.14E+20
新增库容的化学能	J	1.77E+16	8.10E+04	1.43E+21

可更新能源	单位	原始数据	能值转换率（sej/J）	太阳能值（sej）
新增库容的势能	J	1.00E+16	4.70E+04	4.70E+20
合计				4.03E+21

　　建设期的能值足迹占用见表 4.11。从计算结果来看，DJ 水电站建设期的能值足迹占用达 $3.48 \times 10^6 \mathrm{hm}^2$，对区域生态环境造成最大影响的是水库淹没（占 62.43%），这说明在丘陵地区建设水电站，其淹没损失较大；今后在类似地貌特征下选址，要重视水库淹没问题。

表 4.11　　　　　　　　DJ 水电站建设期能值足迹占用账户

项目	单位（Unit）	原始数据	能值转换率（sej/unit）	太阳能值（sej）	能值足迹占用（hm²）	比例（%）
实物消耗				3.89E+21	8.61E+05	24.77
土石方	m³	4.22E+06	1.92E+14	8.10E+20	1.79E+05	5.16
砂石料	m³	7.85E+05	4.78E+14	3.75E+20	8.31E+04	2.39
混凝土	m³	1.75E+06	1.09E+15	1.91E+21	4.23E+05	12.15
钢筋钢材	t	1.00E+05	5.51E+15	5.51E+20	1.22E+05	3.51
木材	m³	7.96E+04	3.32E+14	2.64E+19	5.85E+03	0.17
施工人员消耗	人·天	1.50E+07	1.45E+13	2.18E+20	4.82E+04	1.39
水库淹没				9.80E+21	2.17E+06	62.43
淹没林地	m²	6.55E+07	3.67E+13	2.40E+21	5.33E+05	15.32
耕地	m²	3.81E+07	1.94E+14	7.39E+21	1.64E+06	47.11
水库移民				2.01E+21	4.45E+05	12.80
移民影响	人·年	5.35E+04	1.66E+16	8.88E+20	1.97E+05	5.66
移民道路修建	m²	5.22E+06	4.33E+13	2.26E+20	5.01E+04	1.44
移民房屋安置	m²	1.70E+06	5.26E+14	8.94E+20	1.98E+05	5.70
合计				1.57E+22	**3.48E+06**	100.00

4.2.3　运行期的负效应

　　（1）对水土流失的影响。建库前，平均侵蚀模数为 $769\mathrm{t}/(\mathrm{km}^2 \cdot 年)$，每年土壤流失达 $3.63 \times 10^6 \mathrm{t}$。建库后，坝址控制流域全面发展植树造林，森林覆盖率由 1985 年的 47.4% 提高到 1990 年的 55.4%，从整体上控制了原有水土流失面积扩大的趋势。但随着人口的增加和经济的发展，土地开发特别是经营强度和复垦强度高的果木林开发，成为新的水土流失策源地。建库后，坝址控制流域平均侵蚀模数为 15.05t/(hm²·年)，每年土壤流失达 5.62×10^6t（比建库前增加了 1.99×10^6t/年），每年输入 DJ 水库的泥沙约 1.90×10^6t。截止 1995 年底，进入 DJ 水库的泥沙总量达 2.63×10^7t。每年增加的水土流失和泥沙淤积的能值足迹占用分别为 1.72×10^4hm² 和 3.16×10^3hm²。

(2) 对农业的负面影响。一方面，建库后，由于库区湿度增大、温差减小，有利于作物病虫害的越冬和生长；另一方面，作物的呼吸增大，植株体内的营养消耗增多，不利于作物的干物质积累，从而影响作物的产量，且离库岸越近影响越大，如库区早稻的经济产量降低 320～1670kg/hm²。库区农业用地约 1.85×10^5hm²，每年作物减产约 1.8×10^4t。另外，水库下泄的低温水对引水灌溉的农作物产量影响不大，但将延长农作物的生长期，一般在 5 天左右；但是，距大坝 10km 以内的沿河两岸，种植的水稻已不能抽穗，至下游 126km 处，基本恢复到天然状态。由此将约有 200hm² 的作物受影响，每年减产约 600t。作物减产的能值足迹占用为 1.72×10^3hm²。

(3) 污染源的负面影响。建库后控制流域内的工业企业排放废水 1.06×10^7t（1992 年）。流域内有耕地 3.8×10^4hm²，平均每公顷施用化肥 1.11×10^3kg，每年流入水库的氮、磷总量分别为 1.89×10^3t 和 1.06×10^2t，分别比建库前增加 167t/年和 7.3t/年。库区及库区周围直接向水库排放生活污水 1.15×10^6t/年；机动船只排放油类污染物 61t/年；库区旅游排污量分别为：氮 1.38t/年、磷 0.09t/年、化学需氧量（COD）10.95t/年、五日生化需氧量（BOD₅）9.13t/年。控制流域内每年的污染物排放量见表 4.12。污染物的能值足迹占用为 1.63×10^4hm²。

表 4.12　　　　　　　DJ 水电站控制流域内主要污染物排放量　　　　　　　t/年

污染物	工业废水	农业面源污染	生活污水	机动船只及库区旅游
砷	27.23			
铅	3.17			
镉	1.80			

污染物	工业废水	农业面源污染	生活污水	机动船只及库区旅游
铜	4.11			
锌	12.2			
六价铬	0.08			
硫化物	5.27			
悬浮物	15 086			
氟化物	36.58			
挥发酚	520			
COD	187		1382	10.95
油类	37.7			61
BOD$_5$			1152	9.13
氮		167	230	1.38
磷		7.3	74	0.09

（4）对下游生态环境的影响。DJ 水库建设后，阻断了河流，下游水文泥沙情势和水质、水温的变化，改变了河川生态环境，水生生物环境也随之发生变化。下游水生生物在大坝出水口附近很少，随沿程距离增加而增加。下泄低温水使大坝下游 30km 河段的鱼类难以繁殖，其他河段鱼类的繁殖被推迟，且生长缓慢。通过对鱼类的定点调查，共收集到鱼类种类计 50 种，较建库前减少 4 种。渔业每年减产约 1.0×10^4 t。渔业减产的能值足迹占用为 7.06×10^3 hm^2。

在运行期，DJ 水电站每年的能值足迹占用为 4.65×10^4 hm^2（见表 4.13）。主要是水土流失和排入库区的污染物是能值足迹占用，分别占 37.01% 和 35.15%；其次是下泄低温水引起的下游渔业减产（占 15.19%）；泥沙淤积和下游作物减产也有一定影响，分别占 6.80% 和 5.86%。

表 4.13　　　　　　　DJ 水电站运行期的能值足迹占用

序号	项目	单位	原始数据	能值转换率 （sej/unit）	太阳能值 （sej）	能值足迹占用 （hm^2）	比例 （%）
1	水土流失	t	1.99E+06	7.38E+13	1.47E+20	1.72E+04	37.01
2	泥沙淤积	t	1.90E+06	1.42E+13	2.70E+20	3.16E+03	6.80

续表

序号	项目	单位	原始数据	能值转换率 （sej/unit）	太阳能值 （sej）	能值足迹占用 （hm²）	比例 （%）
3	作物减产	t	1.86E+04	1.25E+15	2.33E+19	2.72E+03	5.86
4	下游鱼业减产	t	1.00E+04	6.03E+15	6.03E+19	7.06E+03	15.19
5	污染物				1.40E+20	1.63E+04	35.15
	砷	t	2.72E+01	3.95E+17	1.08E+19	1.26E+03	2.71
	铅	t	3.17E+00	3.16E+17	1.00E+18	1.17E+02	0.25
	镉	t	1.80E+00	1.58E+18	2.84E+18	3.33E+02	0.72
	铜	t	4.11E+00	1.90E+16	7.81E+16	9.14E+00	0.02
	锌	t	1.22E+01	3.95E+16	4.82E+17	5.64E+01	0.12
	六价铬	t	8.00E-02	3.95E+17	3.16E+16	3.70E+00	0.01
	硫化物	t	5.27E+00	6.32E+16	3.33E+17	3.90E+01	0.08
	悬浮物	t	1.51E+04	1.98E+15	2.99E+19	3.50E+03	7.52
	氟化物	t	3.66E+01	1.58E+16	5.78E+17	6.76E+01	0.15
	挥发酚	t	5.20E+02	9.88E+16	5.14E+19	6.01E+03	12.94
	COD	t	1.58E+03	7.90E+15	1.25E+19	1.46E+03	3.14
	油类	t	9.87E+01	4.94E+16	4.88E+18	5.71E+02	1.23
	BOD₅	t	1.16E+03	1.58E+16	1.83E+19	2.15E+03	4.62
	氮	t	3.98E+02	9.88E+15	3.94E+18	4.61E+02	0.99
	磷	t	8.14E+01	3.16E+16	2.57E+18	3.01E+02	0.65
合计					3.97E+20	4.65E+04	100.00

控制库区水土流失和控制工农业废水对库区的污染，是减少 DJ 水电站运行期能值足迹占用的主要途径。

4.2.4　运行期的正效应

（1）水力发电、供水、防洪、航运等效益。DJ 水电站工程以发电为主，兼有防洪、航运、工业用水等综合效益，年发电量 1.32×10^9 kWh。与建库前相比，建库后流量由天然河水流量变为人工控制的出库流量。11、12月至次年1～3月枯水季节的月平均出库流量较建库前增加，而4～7月丰水期的出库流量则减少。缓和了枯水季节大坝下游不能通航和工农业用水紧张的矛盾，每年增加货运周转量约 2.00×10^6 t·km，每年增加工农业用水分别为 7.94×10^6 m³ 和 8.87×10^7 m³。同时，降低了洪水季节的洪峰，有一定的滞洪作用，提高了下游的防洪标准，多年平均防洪效益 1.07×10^8 元。

（2）对旅游业的影响。DJ水电站的兴建对原有的旅游景观资源几乎没有影响，但DJ水库形成后，增加了该地区的景观类型，出现了新的景观。修建前，每年游客仅2万人次，修建后，每年游客超过13.3万人次，旅游创收为修建前的24倍，每年因库区旅游而流入的资金超过 7.0×10^6 元，并以20%～30%的速度增长。

（3）对陆生生物的影响。由于DJ水库 $160 km^2$ 水面的调节作用，形成了新的独特小气候，为各种植物的生长创造了有利条件，木材产量不断增加。与建库前相比，木材产量由1985年的 4.00×10^6 m³ 增加到1995年的 8.00×10^6 m³，陆生动物品种和数量也有所增加。

（4）对水生生物的影响。建库后，库区浮游植物呈增长趋势，浮游动物增长较为突出，鱼类较建库前增加6种，但虾类较建库前减少1种。水产品每年比建库前多产2万多吨。建库后，鱼体内重金属（除汞外）残毒较建库前减少。

（5）对库区水质的影响。控制流域是砷（As）、铅（Pb）和氟（F）的地球化学高背景区。建库前后库区水质监测结果分别见表4.14和表4.15。

建库后，有机物指标处于Ⅰ类水质标准；水体重金属浓度被均化，除Hg、Zn外，其他重金属浓度均比建库前降低，特别是对建库前污染严重断面的重金属浓度，水库水体起了很大的稀释、沉降作用，使水体水质好转，处于Ⅰ～Ⅱ类水质标准；富营养化指标，磷、氮的浓度，也比建库前降低，但处于Ⅲ类水质标准，需要加强监控。

库区水体中污染因子的总含量由1.3万t减少到1.23万t，减少了645t；污染物能值由 1.42×10^{21} sej减少到 4.84×10^{20} sej，减少了 9.38×10^{20} sej，见表4.16。污染物能值的减少，就是对承载力的贡献，达 1.1×10^5 hm²。

表 4.14　　DJ 库区建库前水质监测结果

mg/L

断面	头汕	旧市	兴宁	下洞	滁口	浙水	黄草	渡头	平均
五日生化需氧量(BOD₅)	8.20E-01	9.60E-01	7.60E+00	6.90E-01	6.10E-01	6.90E-01	7.30E-01	9.70E-01	1.63E+00
总磷(TP)	6.00E-02	1.00E-01	6.75E-01	6.00E-02	9.00E-02	5.00E-02	6.00E-02	6.00E-02	1.44E-01
总氮(TN)	6.60E-01	5.80E-01	3.18E+00	6.60E-01	8.40E-01	6.70E-01	5.40E-01	5.90E-01	9.65E-01
挥发酚	0.00E+00	0.00E+00	1.40E-02	0.00E+00	0.00E+00	0.00E+00	0.00E+00	0.00E+00	1.75E-03
六价铬(Cr⁶⁺)	0.00E+00	0.00E+00	0.00E+00	0.00E+00	0.00E+00	0.00E+00	0.00E+00	0.00E+00	0.00E+00
汞(Hg)	0.00E+00	7.00E-06	0.00E+00	7.00E-06	2.90E-05	0.00E+00	2.90E-05	3.00E-05	1.28E-05
砷(As)	1.00E-02	8.00E-03	2.20E-02	8.00E-03	7.00E-03	4.60E-02	6.00E-03	9.00E-03	1.45E-02
镉(Cd)	6.00E-03	0.00E+00	1.30E-01	0.00E+00	0.00E+00	3.79E-01	0.00E+00	1.00E-03	6.45E-02
铅(Pb)	6.00E-03	4.00E-02	7.00E-03	4.00E-03	1.20E-02	6.00E-03	7.00E-03	6.00E-03	1.10E-02
铜(Cu)	0.00E+00	0.00E+00	0.00E+00	0.00E+00	0.00E+00	0.00E+00	0.00E+00	0.00E+00	0.00E+00
锌(Zn)	1.50E-02	2.20E-02	1.60E-02	1.30E-02	2.10E-02	2.20E-02	1.50E-02	1.50E-02	1.74E-02

表 4.15　　DJ库区建库后水质监测结果

mg/L

断面	坝下	大坝	旧市	台前	坪石	石门楼	滁口	浙水	暖水	平均
BOD_5	4.00E-01	7.20E-01	6.00E-01	1.92E+00	1.12E+00	1.20E+00	9.60E-01	7.60E-01	1.12E+00	9.78E-01
总磷(TP)	3.00E-02	2.00E-02	4.00E-02	1.10E-01	2.00E-02	6.00E-02	3.00E-02	7.00E-02	8.00E-02	5.11E-02
总氮(TN)	1.50E-01	1.10E-01	1.50E-01	3.60E-01	1.70E-01	2.70E-01	1.30E-01	1.90E-01	1.40E-01	1.86E-01
挥发酚	2.00E-03	2.00E-03	2.00E-03	2.00E-03	2.00E-03	2.00E-03	2.00E-03	2.00E-03	2.00E-03	2.00E-03
Cr^{6+}	4.00E-03	4.00E-03	4.00E-03	4.00E-03	4.00E-03	4.00E-03	4.00E-03	4.00E-03	4.00E-03	4.00E-03
汞(Hg)	8.00E-05	1.00E-04	9.00E-05	7.00E-05	5.00E-05	8.00E-05	7.00E-05	5.00E-05	9.00E-05	7.56E-05
砷(As)	1.50E-02	8.00E-03	7.00E-03	1.00E-02	9.00E-03	1.50E-02	1.40E-02	1.40E-02	1.30E-02	1.17E-02
镉(Cd)	1.00E-02	1.00E-02	1.00E-02	1.00E-02	1.00E-02	1.00E-02	1.00E-02	1.00E-02	1.00E-02	1.00E-02
铅(Pb)	1.00E-02	1.10E-02	1.20E-02	1.00E-02	1.10E-02	1.20E-02	1.10E-02	1.30E-02	1.30E-02	1.14E-02
铜(Cu)	5.10E-01	4.00E-02	1.00E-02	5.00E-02	8.00E-02	6.00E-02	5.00E-02	9.00E-03	6.00E-03	7.56E-02
锌(Zn)	3.00E-02	6.00E-02	8.60E-02	7.60E-02	6.80E-01	1.00E-01	9.30E-02	3.60E-02	4.40E-02	1.34E-01
油类	1.40E-02	1.90E-02	4.70E-02	6.00E-02	1.23E-01	8.10E-02	2.70E-02	4.30E-02	5.80E-02	5.24E-02

表 4.16 建库前后库区水体中污染因子的能值

污染因子	能值转换率（sej/t）	含量（t）		能值（sej）	
		建库前	建库后	建库前	建库后
五日生化需氧量（BOD_5）	1.58E+16	7.42E+03	7.94E+03	1.17E+20	1.25E+20
总磷（TP）	3.16E+16	6.55E+02	4.15E+02	2.07E+19	1.31E+19
总氮（TN）	9.88E+15	4.38E+03	1.51E+03	4.33E+19	1.49E+19
挥发酚	9.88E+15	7.95E+00	1.62E+01	7.85E+16	1.60E+17
六价铬（Cr^{6+}）	3.95E+17	0	3.25E+01	0	1.28E+19
汞（Hg）	1.58E+19	5.79E-02	6.14E-01	9.15E+17	9.69E+18
砷（As）	3.95E+17	6.58E+01	9.47E+01	2.60E+19	3.74E+19
镉（Cd）	1.58E+18	2.93E+02	8.12E+01	4.63E+20	1.28E+20
铅（Pb）	3.16E+17	4.99E+01	9.29E+01	1.58E+19	2.94E+19
铜（Cu）	7.90E+16	0	6.14E+02	0	4.85E+19
锌（Zn）	3.95E+16	7.89E+01	1.09E+03	3.12E+18	4.29E+19
油类	4.94E+16	0	4.26E+02	0	2.10E+19
合计		1.30E+04	1.23E+04	1.42E+21	4.84E+20

运行期，正效应的承载力供给为 $3.94 \times 10^5 \, \mathrm{hm}^2$，见表 4.17。其中，库区形成有利于植物生长的独特小气候，不断增加的木材对提高区域承载力的贡献最大（占 39.46%），其次是水质改善和水力发电的贡献，分别占 27.87% 和 21.06%；防洪、水库养殖和水库供水也有一定贡献，分别占 4.99%、3.58% 和 2.32%。库区旅游和对航运的改善的贡献较小，分别只占 0.33% 和 0.01%。每年生态盈余 $3.47 \times 10^5 \, \mathrm{hm}^2$，生态补偿时间为 10.64 年；由于工程断断续续施工，生态冲击时间较长，达 25.64 年；生态影响系数为 0.24。

表 4.17 运行期正效应的承载力供给（1996 年）

序号	项目	单位	原始数据	能值转换率（sej/unit）	太阳能值（sej）	承载力（hm^2）	比例（%）
1	水力发电	kWh	1.32E+09	5.37E+11	7.09E+20	8.29E+04	21.06
2	供水				9.07E+19	1.06E+04	2.70
	农业灌溉	m^3	8.87E+07	8.80E+11	7.80E+19	9.13E+03	2.32

序号	项目	单位	原始数据	能值转换率 （sej/unit）	太阳能值 （sej）	承载力 （hm²）	比例 （%）
	工业用水	m³	7.94E+06	1.60E+12	1.27E+19	1.49E+03	0.38
3	防洪效益	元	1.07E+08	1.57E+12	1.68E+20	1.97E+04	4.99
4	库区旅游收入	元	7.00E+06	1.57E+12	1.10E+19	1.29E+03	0.33
5	水库养殖	t	2.00E+04	6.03E+15	1.21E+20	1.41E+04	3.58
6	改善航运	t·km	2.00E+06	1.88E+11	3.76E+17	4.40E+01	0.01
7	木材增产	m³	4.00E+06	3.32E+14	1.33E+21	1.55E+05	39.46
8	水质改善	m³	8.12E+09		9.38E+20	1.10E+05	27.87
	小计				3.04E+21	3.56E+05	100.00

4.2.5　结论与建议

1. 结论

能值足迹模型也可用于已建工程的环境影响回顾评价。对于已建的 DJ 工程，工程建设的主要目标已经实现。建设期的能值足迹占用达 $3.48\times10^6\,\mathrm{hm^2}$，对区域生态环境造成最大影响的是水库淹没（占 62.43%），其次是工程建设的实物消耗（占 24.77%）和水库移民（占 12.80%）。这说明在丘陵地区建设水电站，其淹没损失较大；今后在类似地貌特征下选址，要重视水库淹没问题。

在运行期，DJ 水电站每年的能值足迹占用为 $4.65\times10^4\,\mathrm{hm^2}$，正效应的承载力供给为 $3.94\times10^5\,\mathrm{hm^2}$；每年生态盈余 $3.47\times10^5\,\mathrm{hm^2}$，生态补偿时间为 10.01 年；由于工程断续施工，生态冲击时间较长，达 25.01 年，生态影响系数为 0.24。

库区形成有利于植物生长的独特小气候，木材产量不断增加，对提高区域承载力的贡献最大（占 39.46%），其次是水质改善和水力发电的贡献，分别占 27.87% 和 21.06%；防洪、水库养殖和水库供水也有一定贡献，分别占 4.99%、3.58% 和 2.32%。

2. 建议

控制库区水土流失，控制工业污染源和农业污染源向库区的排放是目前减小库区能值足迹占用的主要措施。

充分利用库区独特的小气候，发展特色果林经济是提高库区承载力的主要途径；增加水库对工农业的供水、发展库区旅游是其重要途径。

4.3 三峡工程的能值足迹与承载力

4.3.1 三峡工程概况

长江流域水资源丰富，但水资源年际、年内分配不均，需要面对防洪安全和水资源安全等问题。三峡工程的建设，在防洪、发电、航运、水资源综合利用等方面的巨大效益举世公认，为国民经济稳增长作出了积极贡献[161]。与所有水电工程建设一样，三峡工程也存在水库移民、生态环境影响、水库淹没、泥沙淤积等问题。

三峡工程是世界最大的水利枢纽工程，具有防洪、航运、供水、发电等多目标的巨大综合效益，控制流域面积达 $1.00\times10^6\,km^2$，年平均径流量 $4.51\times10^{11}\,m^3$。三峡工程的能流系统图如图 4.3 所示。坝址下的水面海拔 66m，坝顶海拔 185m，最大坝高 181m，正常蓄水位高程 175m；总库容 $3.93\times10^{10}\,m^3$，其中防洪库容 $2.22\times10^{10}\,m^3$；总装机容量 $2.25\times10^6\,kW$。总工期 17 年（1993～2009 年），2003 年蓄水至 135m 开始围堰发电，2006 年蓄水至 156m，2008 年蓄水至 172m，2010 年进行 175m 试验性蓄水，顺利经过 6 年试验性蓄水运行。

为确保其安全、可靠，2009 年开始三峡工程竣工验收准备，顺利经过 6 年试验性蓄水运行，到 2016 年完成竣工验收[162]。三峡工程竣工验收的时间跨度达 8 年，这在全世界水利水电工程竣工验收都是少见的。为更好发挥三峡工程的综合效益、用事实来回应社会的关切，科学认识三峡工程对经济、社会和环境的影响，定量评价分析其生态效应，是业界和社会的迫切需求。

4.3.2 可更新资源能值

三峡水库建成蓄水以来，逐步达到 175m 时最大水面面积 1084km²，库区总长约 660km[163]，水体增加了约 $200\times10^8\,m^3$[164]。根据能值计算公式，三峡工程控制流域每年的可更新资源能值，建坝前为 $1.94\times10^{23}\,sej$，新增库容河水的能值为 $9.61\times10^{21}\,sej$（见表 4.18），表中能值转换率来自文献[159]。建坝后，三峡工程控制流域每年的可更新资源能值达 $2.04\times10^{23}\,sej$。建坝前的流域能值密度为 $1.94\times10^{15}\,sej/hm^2$，建坝后的流域能值密度为 $2.04\times10^{15}\,sej/hm^2$。

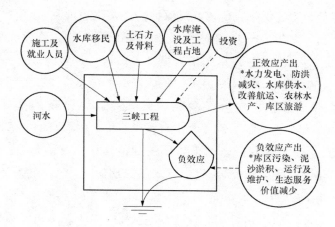

图 4.3　三峡工程能流系统图

三峡工程的建设，增加了流域的可更新资源，提高了流域能值密度近 5 个百分点。

表 4.18　　　　　　　　三峡工程控制流域的一年可更新资源能值

项目	单位	数量	能值转换率（sej/unit）	能值（sej）
年均径流量	m³	4.51E+11		1.94E+23
年均径流量化学能	J	2.23E+18	8.10E+04	1.80E+23
年均径流量势能	J	2.92E+17	4.70E+04	1.37E+22
新增库容	m³	2.00E+10		9.61E+21
新增库容河水的化学能	J	9.88E+16	8.10E+04	8.00E+21
新增库容河水的势能	J	3.43E+16	4.70E+04	1.61E+21

4.3.3　建设期的能值足迹占用

（1）数据资料。根据中华人民共和国审计署的《长江三峡工程竣工财务决算草案审计结果》[165]，三峡工程动态总投资 2485.37 亿元，水库淹没陆地面积约 632km²，淹没耕园地 2.45 万 hm²，淹没房屋面积 3473.15 万 m²，移民搬迁建房人口 129.64 万，迁建房屋 5054.76 万 m²。主要工程量为：土石方开挖 13 906.27 万 m³，土石方填筑 5267.53 万 m³，混凝土浇筑 2794 万 m³，金属结构安装 28.1 万 t，钢筋制作与安装 35.4 万 t。许多珍稀植物生息地被淹没，库区多种珍稀植物濒危，至少有 4 个植物物种调查时没有发现[166]，需要抢救性发掘、原地保护、搬迁保护、留取资料保护的古文化遗址和古墓葬、地面文物古迹、水文文物等文化遗产 1287 处[167]。对珍稀濒危生物、重要文物古迹影响的经济损失 11.2 亿元[168]。每年施工人员 2 万多人，最多时近 4 万人[169]，施工期排放污水 3.1 亿 t、SO_2 4.7 万 t、NO_x 4.58 万 t、CO_2 352 万 t[168]。

（2）能值转换率。文中涉及的能值转换率，均以新的全球能值基准（15.83E+25sej/年）进行了换算。其中，移民对社会的影响的能值转换率来自文献［98］，其余来自本研究。由于货币的能值转换率（能值/货币比率，τ）是随时间而变化的。我国的能值/货币比率随支出法国内生产总值的增长而呈减小的趋势，由 1993 年的 2.90×10^{12} sej/元减少到 2015 年的 3.55×10^{11} sej/元（见表 3.3）。三峡工程的建设期为 1993～2009 年，由于缺少建设期分年度的投资数额，计算时，建设投资的能值/货币比率，取 1993～2009 年的平均（1.26×10^{12} sej/元）。

（3）计算结果。建设期的能值足迹占用为 5.92×10^8 hm^2，见表 4.19。计算时，用工程总投资核算相关产品的能值足迹占用，为了避免重复计算，有关产品，如混凝土、钢筋、设备等不再单列；移民对社会的影响将持续一代人时间（30 年），平均每年施工人员按 3 万人计。构成三峡工程建设期能值足迹占用的主要因素是移民对社会的影响，占 56.12%，这说明做好移民工作三峡工程成败的关键，也是减小三峡工程对社会、经济和环境的影响的主要方面。

表 4.19 三峡工程建设期的能值足迹占用

序号	项目	单位	数量	能值转换率（sej/unit）	能值（sej）	能值足迹占用（hm^2）	占比（%）
1	总投资	元	2.49E+11	1.26E+11	3.12E+23	1.61E+08	27.16
2	移民对社会影响	人·年	3.89E+07	1.66E+16	6.46E+23	3.32E+08	56.12
3	淹没土地	m^2	6.32E+08	2.88E+13	1.82E+22	9.37E+06	1.58
4	淹没耕园地	m^2	2.45E+08	1.94E+14	4.75E+22	2.45E+07	4.13
5	淹没房屋	m^2	3.47E+07	5.26E+14	1.83E+22	9.41E+06	1.59
6	迁建房屋	m^2	5.05E+07	5.26E+14	2.66E+22	1.37E+07	2.31
7	土石方开挖	m^3	1.39E+08	4.23E+14	5.88E+22	3.03E+07	5.11
8	土石方填筑	m^3	5.27E+07	1.92E+14	1.01E+22	5.21E+06	0.88
9	施工人员	人·年	5.10E+05	4.71E+15	2.40E+21	1.24E+06	0.21

序号	项目	单位	数量	能值转换率 （sej/unit）	能值 （sej）	能值足迹占用 （hm²）	占比 （%）
10	施工废水排放	m³	3.10E+08	2.59E+13	8.03E+21	4.13E+06	0.70
11	施工排放 SO_2	t	4.70E+04	1.64E+15	7.71E+19	3.97E+04	0.01
12	施工排放 NO_x	t	4.58E+04	1.64E+15	7.51E+19	3.87E+04	0.01
13	施工排放 CO_2	t	3.52E+06	2.30E+14	8.10E+20	4.17E+05	0.07
14	对珍稀生物 重要文物影响	元	1.12E+09	1.26E+11	1.41E+21	7.25E+05	0.12
合计					1.15E+24	5.92E+08	100.00

4.3.4 运行期生态承载力供给

（1）数据资料。自 2003 年投运以来，三峡工程的防洪、发电、航运、抗旱、补水等巨大的综合效益得到了全面发挥。据长江水利委员会测算，仅 2010 年汛期防御 7 万 m³/s 的洪水，防洪直接经济效益就达 266.3 亿元[169]，其他年份防洪减灾效益根据当年拦蓄洪水量按比例折算。根据《长江三峡工程运行实录》（2003～2012[170]，2013[171]，2014[172]），统计出三峡工程运行以来的发电、航运、抗旱、补水等效益。库区渔业、粮食产量、活立木等数据来自《长江三峡工程生态与环境监测公报（2009～2015）》[173]。三峡大坝旅游持续增长，2015 年前 11 个月就超过 2014 年的 200 万人次[174]，按每人次在旅游区游玩 2 天、每天消费 500 元计，经济收入 20 亿元。三峡船闸连续 12 年实现安全高效运行，"十二五"期间，每年通过量都超 1 亿 t。

2015 年货运总量达到 1.11 亿 t，通航效益明显，全年过闸货运量是蓄水前该河段年最高货运量 1800 万 t 的 6 倍[175]。三峡工程的主要正效应产出如表 4.20 所示。

（2）生态承载力计算。根据式（2.19）和式（2.20），可以计算出三峡工程的年度生态承载力供给，如表 4.21 所示。货运周转量能值转换率来自文献[103]，其他的来自本研究，并均以新的全球能值基准（15.83E+25sej/年）进行了换算。

表 4.20

三峡工程的主要正效应产出（2003～2014 年）

序号	项目	单位	2003 年	2004 年	2005 年	2006 年	2007 年	2008 年	2009 年	2010 年	2011 年	2012 年	2013 年	2014 年
1	年径流量	m³	4.04E+11	4.15E+11	4.57E+11	2.99E+11	4.06E+11	4.29E+11	3.88E+11	4.07E+11	3.40E+11	4.48E+11	3.68E+11	4.38E+11
2	最大洪峰	m³/s	4.60E+04	6.05E+04	4.60E+04	4.95E+04	5.25E+04	4.10E+04	5.50E+04	7.00E+04	4.65E+04	7.12E+04	4.90E+04	5.50E+04
3	拦蓄洪水	m³	0	4.95E+08	0	0	1.04E+09	0	5.65E+09	2.66E+10	1.88E+10	2.28E+10	1.18E+10	1.75E+10
4	补水调度	m³	0	8.79E+08	0	0	3.58E+09	2.25E+09	5.66E+09	1.40E+09	2.15E+10	2.15E+10	2.11E+10	2.44E+10
5	压咸潮调度	m³	0	0	0	0	0	0	0	0	0	0	0	1.00E+09
6	减淤调度	m³	0	0	0	0	0	0	0	0	0	2.41E+06	4.11E+06	0
7	发电量	kWh	8.61E+09	3.92E+10	4.91E+10	4.92E+10	6.16E+10	8.08E+10	7.99E+10	8.44E+10	7.83E+10	9.81E+10	8.28E+10	9.88E+10
8	节水增发电量	kWh	—	—	—	—	3.78E+09	3.78E+09	3.96E+09	4.08E+09	3.79E+09	6.53E+09	5.43E+09	5.11E+09
9	通过货物	t	1.38E+07	3.43E+07	3.29E+07	3.94E+07	4.69E+07	5.37E+07	6.09E+07	7.88E+07	1.00E+08	8.61E+08	9.71E+07	1.09E+08
10	通过旅客	人次	1.08E+06	1.73E+06	1.88E+06	1.62E+06	8.50E+05	8.55E+05	7.40E+05	5.08E+05	4.00E+05	2.44E+05	4.32E+05	5.21E+05
11	库区渔业	t	2.97E+03	2.37E+03	—	—	2.38E+03	2.67E+03	3.33E+03	3.71E+03	4.57E+03	5.92E+03	6.44E+03	7.09E+03
12	粮食产量	t	—	—	—	—	6.07E+06	6.39E+06	6.15E+06	6.27E+06	6.15E+06	6.15E+06	6.16E+06	6.15E+06
13	活立木总蓄积	m³	—	—	—	—	—	—	—	1.25E+08	—	1.36E+08	1.41E+08	1.44E+08

表 4.21   **三峡工程生态承载力供给计算结果（2014 年）**

项目	单位	数量	能值转换率 （sej/unit）	能值 （sej）	承载力供给 （hm²）	占比 （%）
防洪效益	元	1.75E+10	3.75E+11	6.56E+21	3.22E+06	7.36
生态调水（补水）	m³	2.44E+10	3.43E+11	8.35E+21	4.10E+06	9.36
生态调水（压咸潮）	m³	1.00E+09	3.43E+11	3.43E+20	1.68E+05	0.38
旅游收入	元	2.00E+09	3.75E+11	7.50E+20	3.68E+05	0.84
发电量	kWh	9.88E+10	5.37E+11	5.31E+22	2.60E+07	59.48
货运周转量	t·km	7.19E+10	1.88E+11	1.35E+22	6.64E+06	15.16
客运周转量	人·km	3.44E+08	7.53E+11	2.59E+20	1.27E+05	0.29
库区渔业	t	7.09E+03	6.70E+15	4.75E+19	2.33E+04	0.05
活立木总蓄积增加	m³	1.90E+07	3.32E+14	6.31E+21	3.10E+06	7.07
合计				8.92E+22	4.38E+07	100.00

2014 年，三峡工程对社会、经济和环境的贡献最大的是，当年高达 988 亿 kWh 的水力发电（占 59.48%），其次是库区航运和防洪效益，分别占 15.16% 和 7.36%。三峡工程对下游的补水和生态调度也有不小的贡献，占 9.74%。

从 2003 年开始围堰发电开始有生态承载力供给以来，三峡工程对社会、经济和环境的贡献逐年增加（见图 4.4），由 2003 年的 3.38×10^6 hm²，增加到 2014 年的 43.80×10^6 hm²。从 2010 年开始进行 175m 的试验性蓄水，顺利经过 6 年的 175m 试验性运行，三峡工程的主要运行指标都达到或超过设计指标。

图 4.4 三峡工程运行以来的年度生态承载力供给（2003～2014 年）

4.3.5 运行期的能值足迹占用

（1）数据资料。由于三峡入库泥沙较初步设计值大幅减少，库区泥沙淤积大为减轻，2003 年 6 月～2014 年 12 月，淤积总量为 15.759 亿 t，年均 1.31 亿 t，且呈减小趋势，如 2012～2014 年的淤积量分别为 1.74×10^8 t、9.42×10^7 t 和 4.49×10^7 t[170~172]。水面漂浮物每年可达 20 万 m³[176]，对泥沙淤积清淤、水污染和地质灾害防治的投入年均不少于 123 亿元[177]。

三峡水库有 31 条入库支流，蓄水后，水流变缓，比天然河道断面平均流速减小近 5～10 倍，尤其是在一些库湾以及长期处于回水淹没区的支流的水流运动变得十分缓慢，如香溪河、大宁河等[178]。部分库湾已出现富营养化状态，水华现象时有发生[176]。库区的污染主要来源于污水排放、垃圾污染与事故污染，影响三峡库区水环境质量的主要是有机污染物、大量未经处理的城市生活污水和农村面源污染。根据对重庆（寸滩）、巫山（大宁河）、秭归（香溪河）等 11 个断面的检测结果[179]，计算出三峡库区主要水质指标的平均含量和总量（见表 4.22）。

表 4.22   三峡库区主要环境影响因子的含量

序号	影响因子	含量（mg/m³）	总量（t）	序号	影响因子	含量（mg/m³）	总量（t）
1	VOC	3.62	1.42E+03	7	Zn	5.51	2.17E+03
2	Cr	2.34	9.21E+02	8	Cd	0.16	6.18E+01
3	As	1.69	6.63E+02	9	COD	2775	1.09E+06
4	Hg	0.26	1.02E+02	10	NH_3-N	426	1.68E+05
5	Pb	4.34	1.71E+03	11	TN	2048	8.05E+05
6	Cu	2.60	1.02E+03	12	TP	139	5.46E+04

（2）结果分析。在运行过程中，三峡工程的能值足迹占用为 1.04×10^7 hm²/年（见表 4.13），表中的能值转换率来自文献 [160]。对社会、经济和环境影响最大的是库区水质污染（占 70.94%）；其次是对生态及地质灾害等的防治费用（占 21.68%）；由于水库采取"蓄清排浊"模式，泥沙淤积的影响比预计的小，其能值足迹占用只占 6.20%。在水质污染因子中，COD 和 TN 是最大影响因子，分别占 28.7% 和 26.50%，另外，重金属 Hg 的影响也不小（占 5.37%），已接近泥沙淤积的影响程度。因此，要控制和减小三峡工程对社会、经济和环境的影响，关键是要采取切实的措施，控制入库水污染物并对入库的水污染物采取减量化措施。

表 4. 23　　　　　　　　　　　　三峡工程运行期每年生态足迹占用

序号	影响因子	单位	数量	能值转换率 （sej/unit）	能值 （sej）	能值足迹 （hm²）	占比 （%）
1	泥沙淤积	t	1.31E+08	1.42E+13	1.86E+21	9.13E+05	6.20
2	水质污染物				2.13E+22	1.04E+07	70.94
3	VOC	t	1.42E+03	9.88E+16	1.40E+20	6.89E+04	0.47
4	Cr	t	9.21E+02	1.98E+17	1.82E+20	8.95E+04	0.61
5	As	t	6.63E+02	3.95E+17	2.62E+20	1.29E+05	0.87
6	Hg	t	1.02E+02	1.58E+19	1.61E+21	7.91E+05	5.37
7	Pb	t	1.71E+03	3.16E+17	5.39E+20	2.64E+05	1.80
8	Cu	t	1.02E+03	7.9E+16	8.09E+19	3.97E+04	0.27
9	Zn	t	2.17E+03	3.95E+16	8.56E+19	4.20E+04	0.29
10	Cd	t	6.18E+01	1.58E+18	9.77E+19	4.79E+04	0.33
11	COD	t	1.09E+06	7.9E+15	8.61E+21	4.23E+06	28.70
12	TN	t	8.05E+05	9.88E+15	7.95E+21	3.90E+06	26.50
13	TP	t	5.46E+04	3.16E+16	1.73E+21	8.47E+05	5.75
14	水面漂浮物	t	1.80E+05	1.98E+15	3.56E+20	1.75E+05	1.19
15	生态及地质灾害防治	元	1.23E+10	5.29E+11	6.51E+21	3.19E+06	21.68
合计						1.47E+07	100

4.3.6　生态效应分析

理论上，只要能统计出每年的投入产出运行数据，就可以准确计算出每年的能值足迹占用和生态承载力供给。但有时数据不全，为了计算分析，特作以下假设：全面计算运行期的能值足迹占用从三峡工程试验性蓄水成功到达 175m（2010 年）开始，在此之前（2003～2009 年）的运行期能值足迹占用按线性比例逐年增加；2015 年及以后的年度生态盈余预测值，取三峡地下电站最后一台机组投产（2012 年）后的三年（2012～2014 年）生态盈余平均值。

三峡工程的建设期，从 1993 年开始到三峡枢纽工程正常蓄水 175m 水位通过验收（2009 年），共 17 年。根据《水利水电工程合理使用年限及耐久性设计规范》（SL 654—2014），具有防洪、发电、供水等综合功能的等水利水电工程的合理使用年限为 150 年[180]，故从 2010 年开始到 2159 年是三峡工程合理使用年限。2003 年第一台机组开始发电，即从 2003 年开始有生态承载力供给。

三峡工程运行期内的生态盈余为 $3.82 \times 10^9 \, \text{hm}^2$，扣除建设期的能值足迹占用 $4.99 \times 10^8 \, \text{hm}^2$，总的生态盈余 $33.16 \times 10^8 \, \text{hm}^2$。三峡工程对社会、经济和环境的贡献巨大，在维持 2012～2014 年的平均投入产出情况下，在未来的合理使用年限内，每年的贡献达 $2.61 \times 10^7 \, \text{hm}^2$。三峡工程的生态影响系数为 0.15，影响等级为 Ⅰ 级，对社会、经济和环境的影响是积极有利的。

在合理使用年限内，三峡工程每年有较大的生态盈余，能在较短时间内补偿建设期的能值足迹占用。从第一台机组开始发电（2003 年）后，再经过 23.86 年，即在 2026 年就可以实现生态平衡，并在 2026 年出现小幅生态盈余（$3.42 \times 10^6 \, \text{hm}^2$），见图 4.5。在维持 2012～2014 年的平均投入产出、合理使用年限为 150 年的情况下，生态盈余时间长达 133.14 年。

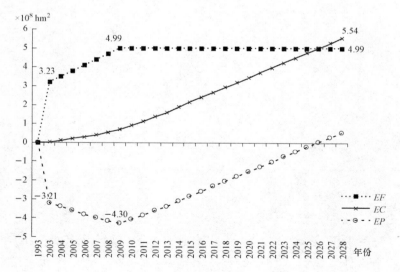

图 4.5　三峡工程的 *EF*、*EC* 和 *EP* 曲线

4.3.7　讨论与结论

大型水利水电工程建设，对社会、经济和生态环境有重要的影响，以生态足迹模型为框架、能值分析理论为主线，建立水电工程的能值足迹模型，实现了对大型水利水电工程建设的社会、经济和生态环境影响的综合定量评价。该模型的核心参数是各个影响因子的能值转换率。建立和完善相关影响因子的能值转换率数据库，是该模型成功应用的基础。

三峡工程对社会、经济和生态环境的影响是多方面的、深远的。有些影响，如水力发电、改善航运、水库供水、防洪减灾等易于识别和评价；但有些影响，如水库移民对社会的影响[181]、影响局部气候、诱发地质灾害、对公共安全卫生的影响[182]、对水生生物的影响[183]、对库区生态系统的影响等，有一个逐步曝露和科学认识的过程，有待进一步深入研究。

三峡工程建设期的能值足迹占用为 $5.92\times10^8\,hm^2$，水库移民是其主要构成要素（占 56.12%）做好移民工作是三峡工程成败的关键。从 2003 年开始围堰发电开始有生态承载力供给以来，三峡工程对社会、经济和环境的贡献逐年增加，由 2003 年的 $3.38\times10^6\,hm^2$，增加到 2014 年的 $43.80\times10^6\,hm^2$。贡献最大的是水力发电（占 59.48%），其次是库区航运、对下游的补水和防洪效益，分别占 15.45%、9.74% 和 7.36%。

库区水质污染是三峡工程对社会、经济和环境影响最大的因素（占 70.94%）；在水质污染因子中，COD 和 TN 的影响最大，分别占 28.7% 和 26.50%，其次是重金属 Hg（占 5.37%）。生态及地质灾害等的防治是另一个重要能值足迹占用要素（占 21.68%）；由于水库采取"蓄清排浊"模式，泥沙淤积的影响比预计的小，其能值足迹占用只占 6.20%。采取切实的措施，控制入库水污染物并对已经入库的水污染物采取减量化措施，是控制和减小三峡工程对社会、经济和环境的影响的关键。

三峡工程每年有较大的生态盈余（$2.61\times10^7\,hm^2$），在维持 2012～2014 年的平均投入产出、合理使用年限为 150 年的情况下，将在 2026 年实现生态平衡，生态盈余时间长达 133.14 年。生态影响系数为 0.15，影响等级为 Ⅰ 级，三峡工程对社会、经济和环境的影响是积极有利的。

4.4　本章回顾

本研究建立的水电工程的能值足迹模型在环境影响预评价和环境影响回顾评价中都能得到较好的应用。

通过对拟建工程的预评价，可以找出主要的环境影响因素，找到减轻水电工程建设环境影响的主要途径，为水电工程设计方案和施工方案的优化提供建议；提出运营阶段可能出现的主要环境影响因素的控制措施；可以定量得到生态补偿时间和生态冲击时间，为工程决策提供参考。

对于拟建的 LP 水电工程，建设期工程实物消耗的能值足迹占用最大，其次是水库淹没和水库移民。做好水电工程建设的设计优化，优选坝型和坝址，是控制和减小水电工程建设能值足迹占用的关键；同时，优化施工方案、采取环境友好的大坝施工技术、提高施工效率，减少工程实物消耗量，是减轻水电工程建设环境影响的重要途径。在运行期，水力发电的贡献最大，其次是水库供水。运行期的能值足迹占用较小，但解决该水电站的泥沙淤积问题应引起重视。就 LP 工程而言，基于运行提供巨大的承载力，能较快的补偿建设期的能值足迹占用，若考虑对下游梯级电站的补偿效应，生态补偿时间将进一步缩短。

通过对已建工程的回顾评价，可以分析已建工程的主要目标完成情况，定量评价工程在建设和运行过程中对环境的影响，提出增加承载力供给和减小能值足迹占用的措施。

对 DJ 水电站，工程建设的主要目标已经实现，库区形成有利于植物生长的独特小气候，木材产量不断增加，对提高区域承载力的贡献最大，其次是水质改善和水力发电的贡献。对区域生态环境造成最大影响的是水库淹没，其次是工程建设的实物消耗和水库移民。由于工程断续施工，生态冲击时间较长。控制库区水土流失，控制工业污染源和农业污染源向库区的排放是目前减小库区能值足迹占用的主要措施。充分利用库区独特的小气候，发展特色果林经济是提高库区承载力的主要途径；增加水库对工农业的供水、发展库区旅游是其重要途径。同时，应该注意到，在丘陵地区建设水电站，水库淹没的能值足迹占用较大。

水库移民是三峡工程建设期的主要能值足迹占用，做好移民工作是三峡工程成败的关键。库区水质污染是三峡工程对社会、经济和环境影响最大的因素；生态及地质灾害等的防治是另一个重要能值足迹占用要素。采取切实的措施，控制入库水污染物并对已经入库的水污染物采取减量化措施，是控制和减小三峡工程对社会、经济和环境的影响的关键。三峡工程每年有较大的生态盈余，在维持 2012～2014 年的平均投入产出、合理使用年限为 150 年的情况下，将在 2026 年实现生态平衡。三峡工程的生态影响系数为 0.15，影响等级为 I 级，对社会、经济和环境的影响是积极有利的。

结 论 与 展 望

5.1 结 论

本研究采用理论分析与应用研究相结合的方法，对水电工程建设生态环境影响定量评价进行了研究，获得的主要成果和结论如下：

（1）首次构建了水电工程的能值足迹模型。本研究以生态足迹模型为主框架，引入流域能值密度概念，结合能值分析理论和生态足迹模型的特点，构建水电工程的能值足迹模型。该模型不需要传统生态足迹模型的产量因子和均衡因子，通过水电工程的能值足迹占用、承载力供给，以及模型定义生态补偿时间、生态冲击时间、生态盈余时间和生态影响系数，就水电工程对环境的正面和负面的影响进行综合的定量分析。

（2）研究提出了水电工程建设环境影响定量评价的能值转换率构成体系，获得了各相关因素的能值转换率。针对不同类型的影响因素，本研究提出了能值转换率的计算方法，研究得到河水、货币、水力发电、土方、石方、耕地、钢筋、混凝土等51项水电工程建设主要投入产出的能值转换率，并对相关因素的能值转换率的特性进行了分析。

（3）进行了能值足迹模型对于拟建和已建的水电工程的环境影响评价的应用研究，提出了控制水电工程建设和运行对环境影响的一些对策和建议。

拟建LP工程的研究表明，水电工程对环境有很大的正效应，并能在较短的时间内补偿建设期和运行期内的能值足迹占用。若考虑对下游梯级电站的偿效应，生态补偿时间将进一步缩短。在水电工程的建设中，坝型和坝址的选择是控制和减小水电工程建设的能值足迹占用的重要途径；同时，优化施工方案可以较大程度地减轻水电工程建设的环境影响。

已建DJ工程的研究表明，该工程建设的主要目标已经实现，库区已经形成有利于植物生长的独特小气候，木材产量不断增加，对提高区域承载力的贡献最大，其次是水质改善和水力发电的贡献；就工程的运行管理而言，控制库区水土流失，控制工业污染源和农业污染源向库区的排放，大大有利于减轻库区能值足迹占用；此外，对于 DJ 工程，由于工程断续施工，生态冲击时间较长；同时需要注意的是，在丘陵地区建设水电站，水库淹没对环境有较大的影响。

对三峡工程的研究表明，水库移民是三峡工程建设期的主要能值足迹占用，做好移民工作是三峡工程成败的关键。库区水质污染是三峡工程对社会、经济和环境影响最大的因素，生态及地质灾害等的防治是另一个重要能值足迹占用要素。三峡工程每年有较大的生态盈余，将在 2026 年实现生态平衡。三峡工程对社会、经济和环境的影响是积极有利的。

5.2 展　　望

本研究构建的能值足迹模型可用于水电工程的环境影响定量评价，但以下问题有待进一步研究：

（1）完善能值转换率数据库。能值足迹模型要得到应用，首先需要也受制于缺少相应环境因素的能值转换率。本研究得到了水电工程环境影响定量评价的主要因素的能值转换率，进一步完善能值转换率数据库是必要的，这是一项基础工作。

（2）更新能值转换率。自然资源的能值转换率相对稳定。但是产品，特别是工业制成品的能值转换率与生产工艺和管理水平密切相关。改进产品的生产工艺、提高管理水平，其能值转换率将相应减小。因此，需要定期更新那些受影响的能值转换率。

参 考 文 献

[1] ULGIATI S, BROWN M T. Quantifying the environmental support for dilution and abatement of process emissions：The case of electricity production ［J］. Journal of Cleaner Production，2002（10）：335 - 348.

[2] 世界环境与发展委员会. 我们共同的未来 ［M］. 国家环保局外事办公室，译. 北京：世界知识出版社，1989.

[3] BASTIANONNI S, MARCHETTINI N, PANZIERI M, et al. Sustainability assessment of a farm in the Chianti area（Italy）［J］. Journal of Cleaner Production，2001（9）：365 - 373.

[4] ULGIATI S, BROWN M. T. Monitoring patterns of sustainability in natural and manmade ecosystems ［J］. Ecological Modelling，1998（108）：23 - 26.

[5] WACKERNAGEL M, ONISTO L, BELLO P, et al. National natural capital accounting with the ecological footprint concept ［J］. Ecological Economics，1999（29）：375 -390.

[6] JIA J S, Petras Punys, MA J. 2012. Hydropower, handbook of climate change mitigation，DOI 10. 1007/978 - 1 - 4419 - 7991 - 9 _ 36，Part 5，p1355 - 1401.

[7] 贾金生，袁玉兰，郑璀莹，等. 中国水库大坝统计和技术进展及关注的问题简论 ［J］. 水力发电，2010，36（1）：6 - 10.

[8] 中华人民共和国水利部. 全国水利发展统计公报 2014 ［M］. 北京：中国水利水电出版社，2015.

[9] 陆佑楣. 中国水资源开发要调整步伐有序推进 ［J］. 中国三峡，2009（5）：5 - 11.

[10] 汪恕诚. 论大坝与生态 ［J］. 水利建设与管理，2004（4）：1 - 4.

[11] FU K D, HE D M. Analysis and prediction of sediment trapping efficiencies of the reservoirs in the mainstream of the Lancang River ［J］. Chinese Science Bulletin，2007，52（2），134 - 140.

[12] QIU Jane. Trouble on the Yangtze ［J］. Science，2012（336）：288 - 291.

[13] 徐韬. 我国环境影响评价的发展历程及其发展方向 ［J］. 法制与社会，2009（6）：326 -327.

[14] 祖歌. 热电厂环境影响评价共性问题研究——以丹东金山热电厂新建工程为例 ［D］. 沈阳：东北大学，2008.

[15] 王小瑞，吴洁. 浅谈榆林市工业企业节水"三同时"制度的推广 [J]. 科技信息，2010 (31)：765.

[16] FRUTIGER A. Ecological impacts of hydroelectric power production on the River Ticino, Part 1：Thermal effects [J]. Archiv for Hydrobiologie, 2004, 159 (1)：43 - 56.

[17] 程子峰. 污染源评价方法之探讨 [J]. 环境科学，1982 (5)：72 - 74.

[18] COSTANZA R，d'Arge R，GROOT R，et al. The value of ecosystem services：putting the issues in perspective [J]. Ecological Economics，1998 (25)：67 - 72.

[19] 肖建红，施国庆，毛春梅，等. 水坝对河流生态系统服务功能影响评价 [J]. 生态学报，2007，27 (2)：526 - 537.

[20] ROBERTO D，Ponce F V，ALEJANDRA S，et al. Estimating the economic value of landscape losses due to flooding by hydropower plants in the Chilean Patagonia [J]. Water Resour Manage，2011 (25)：2449 - 2466.

[21] 翟国静. 灰色关联度分析在水资源工程环境影响评价中的应用 [J]. 水利学报，1997 (1)：68 - 72，77.

[22] 范国福，杨桃萍，孙卓，等. AHP 在西藏扎曲水电规划环评中的应用 [J]. 水力发电学报，2008，27 (3)：88 - 92.

[23] 刘宇. 水电工程生态足迹模型及应用 [D]. 南京：河海大学，2009.

[24] HE Chenglong. Eco-efficiency evaluation of the water conservancy and hydropower project based on emergy analysis theory [M]. Piscataway：IEEE Computer Society，2011.

[25] 国家发展计划委员会，财政部，国家环境保护总局，国家经济贸易委员会. 排污费征收标准管理办法 [R]. 国家发展计划委员会、财政部、国家环境保护总局、国家经济贸易委员会令，第 31 号.

[26] REES W E. Ecological footprint and appropriated carrying capacity：what urban economics leave out [J]. Environment and Urbanization，1992，4 (2)：120 - 130.

[27] BROWN M T，ULGIATI S. Energy quality，emergy，and transformity：H. T. Odum's contributions to quantifying and understanding systems [J]. Ecological Modelling，2004 (178)：201 - 213.

[28] WWF. Living planet report 2010 [EB/OL]. http：//www. footprintnetwork. org/ en/ index. php/GFN/page/Living_Planet_Report_2010_dv/.

[29] WACKERNAGEL M，REES W E. Our ecological footprint：reducing human impact on the earth [M]. Philadelphia：New Society Publishers，1996.

[30] WACKERNAGEL M，MONFREDAA C，ERBB K H，et al. Ecological footprint time series of Austria，the Philippines，and South Korea for 1961 - 1999：comparing the con-

ventional approach to an 'actual land area approach' [J]. Land Use Policy, 2004 (21): 261-269.

[31] 陶在朴. 生态包袱与生态足迹——可持续发展的重量及面积观念 [M]. 北京：经济科学出版社，2003.

[32] WWF. Living planet report 2000 [EB/OL]. http://wwf. panda. org/about_our_earth/all_publications/living_planet_report/living_planet_report_timeline/lpr00.

[33] WWF. Living planet report 2002 [EB/OL]. http://wwf. panda. org/about_our_earth/all_publications/living_planet_report/living_planet_report_timeline/lpr02.

[34] WWF. Living planet report 2004 [EB/OL]. http://wwf. panda. org/about_our_earth/all_publications/living_planet_report/living_planet_report_timeline/lpr04.

[35] WWF. Living planet report 2006 [EB/OL]. http://wwf. panda. org/about_our_earth/all_publications/living_planet_report/living_planet_report_timeline/lp_2006.

[36] VENETOULIS J, TALBERTH J. Refining the ecological footprint [J]. Environ Dev Sustain, 2008 (10): 441-469.

[37] 徐中民，程国栋，张志强. 生态足迹方法的理论解析 [J]. 中国人口·资源与环境，2006, 16 (6): 69-78.

[38] 贺成龙，吴建华. 基于生态足迹的沪苏浙可持续发展评价研究 [J]. 建筑经济，2007 (6): 56-59.

[39] STÖGLEHNER G. Ecological footprint-a tool for assessing sustainable energy supplies [J]. Journal of Cleaner Production, 2003 (11): 267-277.

[40] BAGLIANI M, BRAVO G, DALMAZZONE S. A consumption-based approach to environmental Kuznets curves using the ecological footprint indicator [J]. Ecological Economics, 2008 (65): 650-661.

[41] LAMMERS A, MOLES R, WALSH C, et al. Ireland's footprint: a time series for 1983—2001 [J]. Land Use Policy, 2008 (25): 53-58.

[42] CHEN C Z, LIN Z S. Multiple timescale analysis and factor analysis of energy ecological footprint growth in China 1953—2006 [J]. Energy Policy, 2008 (36): 1666-1678.

[43] CAIRD S, ROY R. Household ecological footprints-demographics and sustainability [J]. Journal of Environmental Assessment Policy and Management, 2006, 8 (4): 407-429.

[44] WALSH C, O'REGAN B, Moles R. Incorporating methane into ecological footprint analysis: A case study of Ireland [J]. Ecological Economics, 2009, 68 (7): 1952-

1962.

[45] DENHOLM P, MARGOLIS R. M. Land-use requirements and the per-capita solar footprint for photovoltaic generation in the United States [J]. Energy Policy, 2008 (36): 3531-3543.

[46] LI G J, WANG Q, GU X W, et al. Application of the componential method for ecological footprint calculation of a Chinese university campus [J]. Ecological Indicators, 2008 (8): 75-78.

[47] SCOTTI M, BONDAVALLI C, BODINI A. Ecological footprint as a tool for local sustainability: The municipality of Piacenza (Italy) as a case study [J]. Environmental Impact Assessment Review, 2009, 29: 39-50.

[48] 贺成龙, 吴建华, 刘文莉. 水泥生态足迹的计算方法 [J]. 生态学报, 2009, 29 (7): 3549-3558.

[49] PATTERSON T M, NICCOLUCCI V, MARCHETTINI N. Adaptive environmental management of tourism in the province of Siena, Italy using the ecological footprint [J]. Journal of Environmental Management, 2008 (86): 407-418.

[50] HERVA M, FRANCO A, FERREIRO S A, et al. An approach for the application of the ecological footprint as environmental indicator in the textile sector [J]. Journal of Hazardous Materials, 2008 (156): 478-487.

[51] BROWNE D, O' REGAN B, MOLES R. Use of ecological footprinting to explore alternative transport policy scenarios in an Irish city-region [J]. Transportation Research, 2008 (13): 315-322.

[52] LI H, ZHANG P D, HE C Y, et al. Evaluating the effects of embodied energy in international trade on ecological footprint in China [J]. Ecological Economics, 2007 (62): 136-148.

[53] SIMMONS C, CHAMBERS N. Footprinting UK households: how big is your ecological garden? [J]. Local Environ, 1998, 3 (3): 355-362.

[54] ZHAO S, LI Z Z, LI W L. A modified method of ecological footprint calculation and its application [J]. Ecological Modelling, 2005 (185): 65-75.

[55] CHEN B, CHEN G Q. Modified ecological footprint accounting and analysis based on embodied exergy-a case study of the Chinese society 1981—2001 [J]. Ecological Economics, 2007 (61): 355-376.

[56] BICKNELL K B, BALL R J, CULLEN R, et al. New methodology for the ecological footprint with an application to the New Zealand economy [J]. Ecological Economics,

1998，27 (2)：149 - 160.

[57] HUBACEK K，GILJUM S. Applying physical input-output analysis to estimate land appropriation (ecological footprints) of international trade activities [J]. Ecological Economics，2003 (44)：137 - 151.

[58] Best Foot Forward. A resource flow and ecological footprint analysis of Greater London [R]. Oxford：Best Foot Forward Ltd，2002.

[59] 贺成龙，吴建华，刘文莉. 成分法计算钢铁的生态足迹 [J]. 环境科学学报，2009，29 (12)：2651 - 2657.

[60] SIMMONS C，LEWIS K，BARRETT J. Two feet-two approaches：a component-based model of ecological footprinting [J]. Ecological Economics，2000，32 (3)：375 - 380.

[61] FERNG J J. Using composition of land multiplier to estimate ecological footprint associated with production activity [J]. Ecological Economics，2001 (37)：159 - 172.

[62] FERNG J J. Human freshwater demand for economic activity and ecosystems in Taiwan [J]. Environmental Management，2007 (40)：913 - 925.

[63] LENZEN M，MURRAY S A. A modified ecological footprint and its application to Australia [J]. Ecological Economics，2001 (37)：229 - 255.

[64] MCDonald G W，PATTERSON M G. Ecological footprints and interdependencies of New Zealand regions [J]. Ecological Economics，2004 (50)：49 - 67.

[65] 贺成龙，吴建华，刘文莉. 改进投入产出法在生态足迹中的应用 [J]. 资源科学，2008，30 (12)：1933 - 1939.

[66] LIU Qinpu，LIN Zhenshan，Feng Nianhua，et al. A modified model of ecological footprint accounting and its application to cropland in Jiangsu, China [J] Pedosphere，2008，18 (2)：154 - 162.

[67] NGUYEN H X，YAMAMOTO R. Modification of ecological footprint evaluation method to include non-renewable resource consumption using thermodynamic approach [J]. Resources Conserv Recyl，2007，51 (4)：870 - 884.

[68] ODUM H T. Self-organization，transformity and information [J]. Science，1988 (242)：1132 - 1139.

[69] 付晓，吴钢，刘阳. 生态学研究中的（火用）分析与能值分析理论 [J]. 生态学报，2004，24 (11)：2621 - 2626.

[70] 张莹. 基于能值足迹法的溃坝环境、生态损失评价 [D]. 南京：南京水利科学研究院硕士论文，2010.

[71] 张伟. 基于能值理论的湖南省衡东县生态足迹研究 [D]. 长沙：中南林业科技大学硕士论文，2008.

[72] 陈成忠，林振山. 生态足迹模型的争论与发展 [J]. 生态学报，2008，28 (12)：6252 - 6263.

[73] 陈冬冬，高旺盛，陈源泉. 生态足迹分析方法研究进展 [J]. 应用生态学报，2006，17 (10)：1983 - 1988.

[74] HABERL H，ERB K H，Krausmann F. How to calculate and interpret ecological footprints for long periods of time：the case of Austria 1926 - 1995 [J]. Ecological Economics，2001 (38)：25 - 45.

[75] 彭建，吴健生，蒋依依，等. 生态足迹分析应用于区域可持续发展生态评估的缺陷 [J]. 生态学报，2006，26 (8)：2716 - 2722.

[76] 李明月. 生态足迹分析模型假设条件的缺陷浅析 [J]. 中国人口·资源与环境，2005，15 (2)：129 - 131.

[77] WIEDMANN T，LENZEN M. On the conversion between local and global hectares in ecological footprint analysis [J]. Ecological Economics，2007 (60)：673 - 677.

[78] WACKERNAGEL M. Methodological advancements in footprint analysis [J]. Ecological Economics，2009 (68)：1925 - 1927.

[79] 肖建红，施国庆，毛春梅，等. 三峡工程生态供给足迹与生态需求足迹计算 [J]. 武汉理工大学学报 (交通科学与工程版)，2006，30 (5)：774 - 777.

[80] 董雅洁，梅亚东. 用生态足迹法分析水电站对河流生态系统功能的影响 [J]. 水力发电，2007，33 (7)：27 - 29.

[81] 李友辉，董增川，孔琼菊. 廖坊水利工程对抚河流域承载力的影响分析 [J]. 长江流域资源与环境，2008，17 (1)：148 - 151.

[82] 黄幼民，江海燕. 伦潭水电工程建设对生态容量的影响研究 [J]. 人民长江，2010，41 (1)：84 - 87.

[83] 朱显成. 资源效率革命研究——以辽宁老工业基地为实例 [D]. 大连：大连理工大学博士论文，2009.

[84] 严茂超. 生态经济学新论——理论、方法与应用 [M]. 北京：中国致公出版社，2001.

[85] ULGIATI S，BROWN M T. Emergy and ecosystem complexity [J]. Communications in Nonlinear Science and Numerical Simulation，2009 (14)：310 - 321.

[86] 蓝盛芳，钦佩，陆宏芳. 生态经济系统能值分析 [M]. 北京：化学工业出版社，2002.

[87] ODUM H T, PETERSON N. Simulation and evaluation with energy systems blocks [J]. Ecological Modelling, 1996 (93): 155 - 173.

[88] ODUM H T. Environmental accounting: emergy and environmental decision making [M]. New York: Wiley, 1996.

[89] BROWN M T, HERENDEEN R A. Embodied energy analysis and emergy analysis: a comparative view [J]. Ecological Economics, 1996 (19): 219 - 235.

[90] BAKSHI B R. A thermodynamic framework for ecologically conscious process systems engineering [J]. Computers and Chemical Engineering, 2000 (24): 1767 - 1773.

[91] BROWN M T, ULGIATI S. Emergy-based indices and ratios to evaluate sustainability: monitoring economies and technology toward environmentally sound innovation [J]. Ecological Engineering, 1997 (9): 51 - 69.

[92] LEFROY E, RYDBERG T. Emergy evaluation of three cropping systems in southwestern Australia [J]. Ecological Modelling, 2003 (161): 195 - 211.

[93] HUANG Shuli, HSU W L. Materials flow analysis and emergy evaluation of Taipei's urban construction [J]. Landscape and Urban Planning, 2003 (63): 61 - 74.

[94] HIGGINS J B. Emergy analysis of the Oak opening region [J]. Ecological Engineering, 2003 (21): 75 - 109.

[95] TILLEY D R, SWANK W T. Emergy-based environmental systems assessment of a multi-purpose temperate mixed-forest watershed of the southern Appalachian Mountains, USA [J]. Journal of Environmental Management, 2003 (69): 213 - 227.

[96] HAU J L, BAKSHI B R. Promise and problems of emergy analysis [J]. Ecological Modelling, 2004 (178): 215 - 225.

[97] GEBER U, BJRKLUND J. The relationship between ecosystem services and purchased input in Swedish wastewater treatment systems-a case study [J]. Ecological Engineering, 2001 (18): 39 - 59.

[98] KANG D, PARK S S. Emergy evaluation perspectives of a multi-purpose dam proposal in Korea [J]. Journal of Environmental Management, 2002 (66): 293 - 306.

[99] HE Chenglong. A modified ecological footprint model and its application in hydropower project [J]. Advanced Materials Research, 2012, 356 - 360: 2349 - 2357. Doi: 10. 4028/www. scientific. net/AMR. 356 - 360. 2349.

[100] BROWN M T, MCCLANAHAN T R. Emergy analysis perspectives of Thailand and Mekong River dam proposals [J]. Ecological Modelling, 1996 (91): 105 - 130.

[101] 曾容，赵彦伟，杨志峰，等. 基于能值分析的大坝生态效应评价——以尼尔基大坝

为例 [J]. 环境科学学报, 2010, 30 (4): 890‑896.

[102] ODUM H T, BROWN M T, WILLIAMS S B. Handbook of emergy evaluation, folio ♯1, introduction and global budget [R]. University of Florida, Gainesville, FL, 2000.

[103] BURANAKARN V. Evaluation of recycling and reuse of building materials using the emergy analysis method [D]. University of Florida, Gainesville, FL, 1998.

[104] BROWN M T, BARDI E. Handbook of emergy evaluation, folio♯3, emergy of ecosystems [R]. University of Florida, Gainesville, FL, 2001.

[105] WU Jianhua, HE Chenglong, XU Weilin. Emergy footprint evaluation of hydropower projects [J]. Science China: Technological Sciences, 2013, 56 (9): 2336‑2342.

[106] PAOLI C, VASSALLO P, FABIANO M. Solar power: An approach to transformity evaluation [J]. Ecological Engineering, 2008 (34): 191‑206

[107] 中华人民共和国水利部. 中国水资源公报 [EB/OL]. http://www.mwr.gov.cn/zwzc/hygb/szygb/

[108] 程彦培, 石建省, 叶浩, 等. 黄河中游地质环境背景分析与岩土侵蚀类型划分 [J]. 南水北调与水利科技, 2010, 8 (6): 4‑9, 17.

[109] AVOUAC J P, BUROV E B. Erosion as a driving mechanism of intracontinental mountain growth [J]. Journal of Geophysical Research: Solid Earth, 1996, 101 (B8): 17747‑17769.

[110] 王绍强, 朱松丽, 周成虎. 中国土壤土层厚度的空间变异性特征 [J]. 地理研究, 2001, 20 (2): 161‑169.

[111] 张春娜, 延晓冬, 杨剑虹. 中国森林土壤氮储量估算 [J]. 西南农业大学学报 (自然科学版), 2004, 26 (5): 572‑575, 579.

[112] 王金叶, 田大伦, 王彦辉, 等. 祁连山林草复合流域土壤水文效应 [J]. 水土保持学报, 2005, 19 (3): 144‑147.

[113] 张德平, 王效科, 胡日乐, 等. 呼伦贝尔沙质草原风蚀坑研究 (Ⅲ): 微地貌和土层的影响 [J]. 中国沙漠, 2007, 27 (1): 25‑31.

[114] 徐学军, 洪鹄, 张平仓. 呼伦贝尔天然草地地貌部位对土层厚度和土壤水分的影响 [J]. 干旱区资源与环境, 2010, 24 (4): 180‑184.

[115] 中国国家统计局. 中国统计年鉴 2015 [M]. 北京: 中国统计出版社, 2015.

[116] WILLIAMS S B. Handbook of Emergy Evaluation, folio♯4, Emergy of Florida agriculture [R]. University of Florida, Gainesville, FL, 2002.

[117] 陈新学, 王万宾, 陈海涛, 等. 污染当量数在区域现状污染源评价中的应用 [J]. 环

境监测管理与技术，2005，17（3）：41-43.

[118] 国家环境保护总局，排污收费制度编委会. 排污收费制度 [M]. 北京：中国环境科学出版社，2003.

[119] 成遵，周林飞，谭艳芳. 辽宁省凌河口湿地生态服务效应货币价值评估 [J]. 人民黄河，2012，34（7）：64-67.

[120] Cao Kai, Feng Xiao. The emergy analysis of loop circuit [J]. Environ Monit Assess, 2008，147：243-251. Doi：10. 1007/s10661-007-0116-2.

[121] 张改景，龙惟定，苑翔. 光伏发电系统的碳值分析 [J]. 重庆大学学报，2011，34（11）：133-140.

[122] 国家环境保护总局. 污水综合排放标准：GB 8978—1996 [S]. 北京：中国环境科学出版社，1997.

[123] 国家环境保护总局，国家质量监督检验检验局. 地表水环境质量标准：GB 3838—2002. 北京：中国环境科学出版社，2003.

[124] 余丽武. 土木工程材料 [M]. 南京：东南大学出版社，2011.

[125] 尚建丽. 土木工程材料 [M]. 北京：中国建材工业出版社，2010.

[126] 阎冬. 基于物质流分析法的水泥企业环境压力研究 [D]. 成都：西南交通大学，2006.

[127] 国金证券研究所，建材统计 [EB/OL]. http://www. okokok. com. cn/Htmls/ Gen-Charts/071011/ 3125. html

[128] 中国建材数量经济监理学会. "十一五"时期水泥产业能源利用情况述评 [J]. 中国水泥，2011（1）：30-35.

[129] 汪澜. 论水泥工业能源消耗控制战略 [J]. 中国水泥，2006（10）：22-25.

[130] 崔源声，李辉，徐德龙. 2020 年水泥工业总产值理论需求量及能耗预测 [J]. 水泥，2012（6）：17-19.

[131] 许嘉. 环境中的氮氧化物 [J]. 世界环境，1984（4）：24-27.

[132] 陈效逑，郭玉泉，崔素平，等. 北京地区水泥行业的物能代谢及其环境影响 [J]. 资源科学，2005，27（5）：40-45.

[133] 兴业证券研发中心. 水泥生产成本构成 [EB/OL]. http://www. okokok. com. cn/ht-mls/GenCharts/071010/3018. html.

[134] World Steel Association. Steel statistical yearbook 2012 [EB/OL]. http://www. worldsteel. org/publications/bookshop? bookID = a1e33a45 - 761b - 45d8 - 8d54 - 73df95cde3bf.

[135] World Steel Association. Crude steel production 2012 [EB/OL]. http://www. world-

steel. org/statistics/statistics - archive/2012 - steel - production. html.

[136] 段新虎. 实现吨钢新水"零"消耗的对策 [J]. 节能与环保, 2008 (6): 36 - 37.

[137] 中国国家统计局. 中国统计年鉴 2012 [M]. 北京: 中国统计出版社, 2012.

[138] 刘铁敏, 周伟, 王青. 依据钢铁生产过程的中国铁矿石需求预测模型 [J]. 金属矿山, 2007 (2): 6 - 8.

[139] 中国社会科学院工业经济研究所. 2007 中国工业发展报告——工业发展效益现状与分析 [M]. 北京: 经济管理出版社, 2007.

[140] 中国钢铁工业协会. 中国钢铁工业能耗现状与节能前景 [J]. 中国钢铁业, 2004 (8): 17 - 21.

[141] 张夏, 郭占成. 我国钢铁工业能耗与大气污染物排放量 [J]. 钢铁, 2000, 35 (1): 63 - 68.

[142] 蔡九菊, 杜涛. 钢铁企业投入产出模型及吨钢能耗和环境负荷分析 [J]. 黄金学报, 2001, 3 (4): 306 - 312.

[143] 陈丹, 陈菁, 关松, 等. 基于能值理论的区域水资源复合系统生态经济评价 [J]. 水利学报, 2008, 39 (12): 1384 - 1389.

[144] 中华人民共和国环境保护部, 国家质量监督检验检验局. 钢铁工业水污染物排放标准: GB 13456—2012 [S]. 北京: 中国环境科学出版社, 2012.

[145] 徐海. 降低钢铁企业成本探析 [J]. 冶金经济与管理, 2001 (3): 35 - 36.

[146] 葛剑雄. 中国历代人口数量的衍变及增减的原因 [J]. 党的文献, 2008 (2): 94 -95.

[147] 中华人民共和国水利部. 全国水利发展统计公报 2014 [M]. 北京: 中国水利水电出版社, 2015.

[148] 中华人民共和国水利部. 全国水利发展统计公报 [EB/OL]. http://www. mwr. gov. cn/zwzc/hygb/slfztjgb/

[149] 国家防汛抗旱总指挥部, 中华人民共和国水利部. 中国水旱灾害公报 2014 [M]. 北京: 中国水利水电出版社, 2015.

[150] 中华人民共和国水利部. 中国河流泥沙公报 2014 [M]. 北京: 中国水利水电出版社, 2015.

[151] 中国国家统计局. 中国统计年鉴 2015 [M]. 北京: 中国统计出版社, 2015.

[152] WALLING D E, FANG D. Recentt rends in the suspended sediment loads of the world's rivers [J]. Global and Planetary Change, 2003, 39 (1/2): 111 - 126.

[153] 袁晶, 许全喜, 童辉. 三峡水库蓄水运用以来库区泥沙淤积特性研究 [J]. 水力发电学报, 2013, 32 (2): 139 - 145, 175.

[154] BAKSHI B R. A thermodynamic framework for ecologically conscious process systems

engineering [J]. Computers and Chemical Engineering, 2000 (24): 1767 - 1773.

[155] 赵同谦, 欧阳志云, 王效科, 等. 中国陆地地表水生态系统服务功能及其生态经济价值评价 [J]. 自然资源学报, 2003, 18 (4): 443 - 452.

[156] 苑文乾, 刘俊杰, 朱能, 等. 煤矸石多孔砖对建筑能耗的影响 [J]. 煤气与热力, 2006, 26 (12): 62 - 65.

[157] 虞晓芬. 工程造价管理 [M]. 北京: 冶金工业出版社, 2011.

[158] 中华人民共和国交通部. 公路工程技术标准: JTGB01—2003 [S]. 北京: 人民交通出版社, 2004.

[159] ODUM H T. Handbook of emergy evaluation, folio♯2, emergy of global processes [R]. University of Florida, Gainesville, FL, 2000.

[160] 贺成龙. 水电工程的能值足迹模型研究及其应用 [D]. 南京: 河海大学, 2013.

[161] 中国长江三峡集团公司. 环境保护年报 2014 [EB/OL]. http://www.ctgpc.com.cn/news/files/046006/2014HJBH.pdf

[162] 郑守仁. 三峡工程竣工验收预计 2016 年上半年完成 [EB/OL]. http://www.ctg-pc.com.cn/xwzx/news.php? mnewsid=86790

[163] 韦丽丽, 周琼, 谢从新, 等. 三峡库区重金属的生物富集、生物放大及其生物因子的影响 [J]. 环境科学, 2016, 37 (1): 325 - 334.

[164] 叶少文, 杨洪斌, 陈永柏, 等. 三峡水库生态渔业发展策略与关键技术研究分析 [J]. 水生生物学报, 2015, 39 (5): 1035 - 1040.

[165] 中华人民共和国审计署. 长江三峡工程竣工财务决算草案审计结果 [EB/OL]. http://www.gov.cn/gzdt/2013 - 06/07/content_2421795.html

[166] 艾绍强. 三峡库区: 失去生栖地的珍稀植物 [EB/OL]. http://www.nationalgeographic.com.cn/environment/habitats/3468.html

[167] 李秀清, 李宏松. 三峡工程淹没区文物概况 [J]. 长江流域资源与环境, 1998, 7 (1): 76 - 82.

[168] 王敏, 肖建红, 于庆东, 等. 水库大坝建设生态补偿标准研究——以三峡工程为例 [J]. 自然资源学报, 2015, 30 (1): 37 - 49.

[169] 百问三峡编委会. 百问三峡 [M]. 北京: 科学普及出版社, 2012.

[170] 中国长江三峡集团公司. 长江三峡工程运行实录 2003—2012 [EB/OL]. http://www.ctgpc.com.cn/news/files/061/89527.pdf.

[171] 中国长江三峡集团公司. 长江三峡工程运行实录 2013 [EB/OL]. http://www.ctg-pc.com.cn/news/files/061/89528.pdf.

[172] 中国长江三峡集团公司. 长江三峡工程运行实录 2014 [EB/OL]. http://www.ctg-

pc. com. cn/news/files/061/94076. pdf.

［173］中华人民共和国环境保护部. 长江三峡工程生态与环境监测公报［EB/OL］. http://
www. cnemc. cn/publish/totalWebSite/0492/363/newList_1. html.

［174］长江三峡旅游发展有限责任公司. 三峡大坝旅游区 11 个月接待游客过 200 万［EB/
OL］. http://www. sxdaba. com/News. aspx? kid=1824.

［175］唐东军, 张义军. 三峡船闸连续 12 年实现安全高效运行　货运总量达到 1. 11 亿 t
［EB/OL］. http://www. ctgpc. com. cn/xwzx/news. php? mnewsid=94 141.

［176］何伟, 宋豪. 三峡库区的水源新特点及涵养模式创新研究［J］. 探索, 2015（6）:
154 - 158.

［177］王树文, 祁源莉. Farhed A. Shah. 三峡工程对生态环境与生态系统的影响及政策分
析模型研究［J］. 中国人口·资源与环境, 2015, 25（5）: 106 - 113.

［178］许秋瑾, 郑丙辉, 朱延忠, 等. 三峡水库支流营养状态评价方法［J］. 中国环境科
学, 2010, 30（4）: 453 - 457.

［179］吕怡兵, 宫正宇, 连军, 等. 长江三峡库区蓄水后水质状况分析［J］. 环境科学研
究, 2007, 20（1）: 1 - 6.

［180］中华人民共和国水利部. 水利水电工程合理使用年限及耐久性设计规范: SL 654—
2014. 北京: 中国水利水电出版社, 2014.

［181］NI J P, SHAO J A. The drivers of land use change in the migration area, Three Gor-
ges Project, China: advances and prospects［J］. Journal of Earth Science, 2013, 24
（1）: 136 - 144.

［182］LI Z W, NIE X D, ZHANG Y, et al. Assessing the influence of water level on schis-
tosomiasis in Dongting Lake region before and after the construction of Three Gorges
Dam［J］. Environ Monit Assess, 2016（188）: 28 - 37.

［183］XIA Y G, LLORET J, LI Z J, et al. Status of two Coreius species in the Three Gor-
ges Reservoir, China［J］. Chinese Journal of Oceanology and Limnology, 2016, 34
（1）: 19 - 33.